Mehmet Zile

Inovações científicas introduzidas nos transformadores de potência

Mehmet Zile

Inovações científicas introduzidas nos transformadores de potência

Inovações científicas

ScienciaScripts

Imprint

Cover image: www.ingimage.com

This book is a translation from the original published under ISBN 978-620-7-44703-9.

Publisher:
Sciencia Scripts
is a trademark of
Dodo Books Indian Ocean Ltd. and OmniScriptum S.R.L publishing group

120 High Road, East Finchley, London, N2 9ED, United Kingdom
Str. Armeneasca 28/1, office 1, Chisinau MD-2012, Republic of Moldova, Europe
Printed at: see last page
ISBN: 978-620-8-27191-6

Conteúdo

CAPÍTULO 1

MÉTODOS DE OPTIMIZAÇÃO HEURÍSTICA DESENVOLVIDOS E SUAS APLICAÇÕES

1. Introdução

Os problemas de otimização da vida real são demasiado complexos para serem resolvidos através do desenvolvimento de uma fórmula matemática. Os métodos heurísticos são os métodos definidos para decidir qual a melhor de uma variedade de acções de solução para resolver um problema. Além disso, é preferível que os métodos heurísticos sejam curtos em termos de tempo de solução e possam ser aplicados a diferentes problemas. Os métodos heurísticos foram desenvolvidos na tentativa de encontrar a melhor solução. O algoritmo criado, que se baseava na inteligência de rebanho, foi utilizado para resolver problemas de otimização com base no comportamento das abelhas que se deslocam na natureza no processo de procura de nutrientes. Pelos estudos, as falhas de transformadores permitem saber sem medições e testes. Os softwares foram desenvolvidos em linguagem de programação C++, utilizando os algoritmos artificiais criados. Os programas de análise dos transformadores foram criados utilizando a base de dados Microsoft SQL Server 2017.

Otimização significa encontrar o melhor ponto de solução. É o processo completo de encontrar o melhor resultado para um problema, sistema ou projeto. Os problemas que envolvem o cálculo de valores de parâmetros desconhecidos para fornecer determinadas restrições são designados por problemas de otimização. Dependendo dos parâmetros fornecidos, deve ser definida uma função de custo a minimizar ou uma função de lucro a maximizar e funções de restrição nas quais os limites do problema são especificados. Os algoritmos heurísticos são critérios ou métodos informáticos definidos com o objetivo de atingir um objetivo ou decidir sobre as alternativas eficazes para atingir um objetivo. Não desenvolvem soluções específicas para o problema e tentam aplicar técnicas de solução pré-determinadas ao problema. Estes algoritmos são capazes de convergir, mas não podem garantir a solução exacta. No entanto, os algoritmos podem garantir uma boa solução próxima da solução exacta. Os algoritmos de otimização meta-heurística são algoritmos que se situam acima dos métodos heurísticos e decidem o método a utilizar para a solução do problema. Têm operadores inspirados na natureza, intuitivos e fáceis de implementar, tal como os algoritmos heurísticos. Estes algoritmos têm de satisfazer determinados critérios, como a proximidade das soluções que encontram em relação ao valor ótimo, o tempo necessário para encontrar esta solução e a codificação que pode ser compreendida por todos. A maioria dos algoritmos meta-heurísticos consiste em algoritmos baseados na população e na utilização da inteligência de rebanho. Os algoritmos começam por criar uma população aleatória. Este processo consiste em criar valores que se enquadram nos limites inferior e superior das variáveis. Para além disso, devem ser determinados os parâmetros de que o algoritmo necessita. Posteriormente, o valor de aptidão deve ser calculado à luz destes valores para cada indivíduo. O algoritmo foi inspirado nos movimentos de algumas comunidades animais que vivem em manadas.

- Introdução
- Algoritmo da Abelha Artificial
- Algoritmo híbrido Formiga/Firefly
- O algoritmo híbrido do cuco e da polinização das flores
- Identificação de Falhas em Enrolamentos de Transformadores por Algoritmos Heurísticos
- Deteção de avarias por algoritmo de abelhas melhorado em transformadores de potência
- Otimização da eficiência do transformador de potência utilizando o algoritmo híbrido

desenvolvido do cuco e da polinização de flores

❖ Conclusão

Neste capítulo, foram desenvolvidas diferentes Optimizações Híbridas por Enxame de Partículas. Ao aplicar estas optimizações híbridas desenvolvidas a problemas de engenharia eléctrica, são apresentadas soluções.

2. Algoritmo da Abelha Artificial

O algoritmo da Colónia de Abelhas Artificiais é inspirado no comportamento inteligente de procura de alimentos das abelhas. Oferece uma solução baseada na inteligência do rebanho em problemas de otimização numérica. O comportamento natural das abelhas é apresentado na Figura 1.

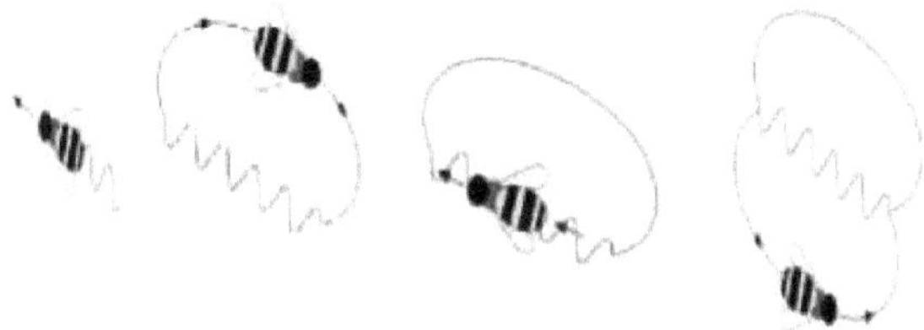

Fig. 1 Comportamento de voo das abelhas.

A inteligência colectiva das colónias de abelhas na procura de alimento tem três componentes básicos. São elas as fontes de néctar, as abelhas operárias e as abelhas batedoras. A qualidade de uma fonte de néctar depende de parâmetros como a proximidade da colmeia, a riqueza ou a densidade do seu conteúdo. As abelhas operárias são as que procuram as fontes de néctar e transportam informações sobre a fonte de néctar. As abelhas batedoras são grupos de abelhas que observam a dança das abelhas operárias para decidir qual o recurso a procurar. A quantidade de néctar é o valor da função objetivo que representa a qualidade dessa solução. O número de soluções é igual ao número de operárias. No início, é criada uma posição inicial aleatória. Na etapa seguinte, as abelhas operárias, batedoras e exploradoras avaliam e actualizam a população. Os recursos exprimem soluções de problemas. Se, durante a pesquisa, as abelhas encontrarem uma fonte melhor do que a atual, memorizam a nova fonte. Depois de todas as abelhas operárias terem terminado a pesquisa, a informação sobre a posição é partilhada com as abelhas batedoras. As abelhas batedoras avaliam a informação obtida pelas abelhas operárias e selecionam as fontes em função da quantidade de néctar. A melhor fonte escolhida representa a melhor solução para o problema. [1-4].

3. O algoritmo híbrido do cuco e da polinização das flores

No algoritmo híbrido de polinização por cucos e flores desenvolvido, a modelação matemática foi efectuada imitando o comportamento natural da polinização por cucos e flores. As aves cuco põem os seus ovos nos ninhos de algumas aves [5-7]. Estes ovos são deixados crescer pela ave hospedeira. Depois de se tornarem aves adultas, migram para outro local de vida. As aves migratórias começam a reproduzir-se novamente. De igual modo, põem os seus ovos nos ninhos de outras aves. A partir destes ovos, as aves bebés crescem e crescem. As aves em crescimento são selecionadas no melhor grupo. Este grupo é escolhido como o novo espaço de vida. A nova população de cucos migra para essa zona [8]. Se, no final do algoritmo, o resultado desejado não tiver ocorrido, repete-se o processo. Se obtivermos os resultados desejados, o algoritmo é interrompido e os resultados são registados. O objetivo da polinização das flores é proporcionar uma viabilidade óptima e uma fase de reprodução biológica óptima. A polinização das flores é apresentada na Figura 2.

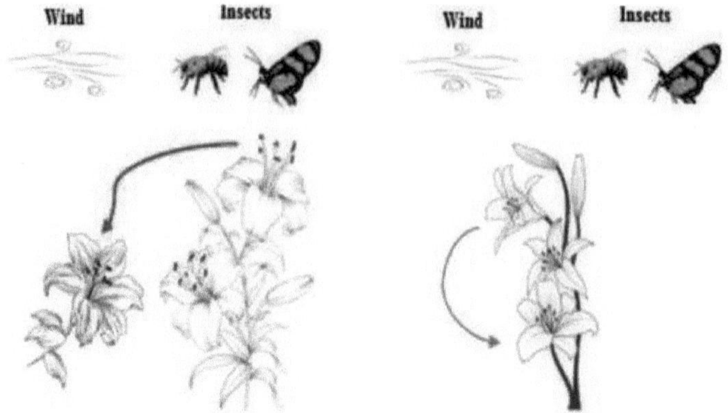

Fig. 2 Polinização das flores

A polinização e outros factores são os que melhor interagem para a propagação das plantas. Existem duas formas importantes de polinização, a biótica e a abiótica. Enquanto 90% das plantas com flores efectuam a polinização biótica, 10% efectuam a reprodução abiótica. Enquanto os polinizadores, como as moscas e os insectos, transportam o pólen na forma biótica, nenhum polinizador está disponível na forma abiótica. Os processos globais de polinização são realizados biologicamente, e os polinizadores transportam o pólen de acordo com os voos de Lëvy. Os voos de Lëvy são apresentados na Figura 3.

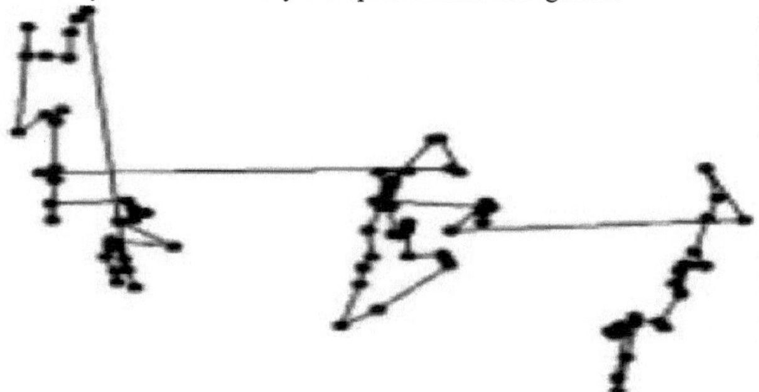

Fig. 3 Voos de Lëvy

A polinização abiótica e a autopolinização são consideradas polinização local. Tal como os insectos, os polinizadores podem aumentar a probabilidade de proliferação, que é proporcional à semelhança entre as duas flores. Uma das principais possibilidades de polinização local e global pode ser controlada por p G [0, 1] [9]. Tal como nas flores, o modelo de polinização biótica para determinar os pontos de solução a longas distâncias e o modelo de polinização abiótica dos pontos de solução para investigar a vizinhança do algoritmo é a lógica da otimização [10].

4. Deteção de avarias por algoritmo de abelhas melhorado em transformadores de potência

Atualmente, foram desenvolvidos muitos métodos e dispositivos para o funcionamento saudável do transformador. Um pequeno problema que seja ignorado pode provocar um mau funcionamento grave. A deteção precoce do problema no transformador atrasa o processo de desenvolvimento do problema. Todos os componentes do transformador têm de ser examinados na medida em que a avaria o exija. A análise da avaria é bastante complexa e abrangente. Na fase de revisão, a falha inclui muitos detalhes, permitindo uma definição definitiva da falha. É necessário reunir uma análise muito completa do conteúdo de um defeito para examinar e analisar todos os pormenores. O comportamento dos bandos de aves e os seus padrões de voo, o comportamento de procura de alimento das formigas, a natação e o agrupamento dos bandos de peixes, a comunicação das abelhas com as danças. Estes modelos de comportamento de manada foram investigados. A inteligência de rebanho; abelhas, formigas, pássaros, térmitas, bandos de peixes, como a interação de animais sob a forma de comunidades que examinam o resultado e como resultado de uma técnica de inteligência artificial que visa encontrar soluções para problemas. Comportamentos inteligentes baseados no surgimento da inteligência de rebanho, ou seja, as formigas fornecem informações às outras formigas deixando substâncias químicas nos caminhos por onde passaram. Os pássaros e os peixes deslocam-se em bando e ajustam a sua posição e velocidade em relação uns aos outros. Estes estudos levaram ao desenvolvimento de abordagens que adaptam o comportamento dos rebanhos a sistemas e modelos. Neste estudo, a análise de defeitos em transformadores de potência foi feita através do algoritmo de abelhas artificiais. Assim, as falhas no transformador de potência são conhecidas num curto espaço de tempo e permitem uma intervenção imediata. As avarias são prevenidas e as explosões do transformador são evitadas. As áreas de aplicação do algoritmo de abelhas para a análise de erros em transformadores são: núcleo, enrolamento, isolamento, tanque, casquilhos, conservador e respirador, derivação e mudança de derivação, relé Buchholz, ventilação de explosão e áreas de aplicação do algoritmo de abelhas para a análise de erros no óleo de refrigeração [11-18]. As condições gerais de avarias do transformador de potência são apresentadas na Figura I-2.4. No caso de uma avaria do transformador, a operação começa com a suspeita do funcionamento dos relés de proteção ou do desempenho do transformador [19-25]. É absolutamente necessário recolher cuidadosamente os resultados explicativos e transmiti-los ao pessoal que irá efetuar a avaliação do defeito. Em caso de defeito, as equipas devem estar tão coordenadas quanto possível e a troca de informações deve ser transparente. É evidente que, desde a gestão mais baixa até à gestão de topo na decisão certa para o diagnóstico da falha, a partilha da informação com a falha de uma forma saudável aumentará a precisão na análise da falha.

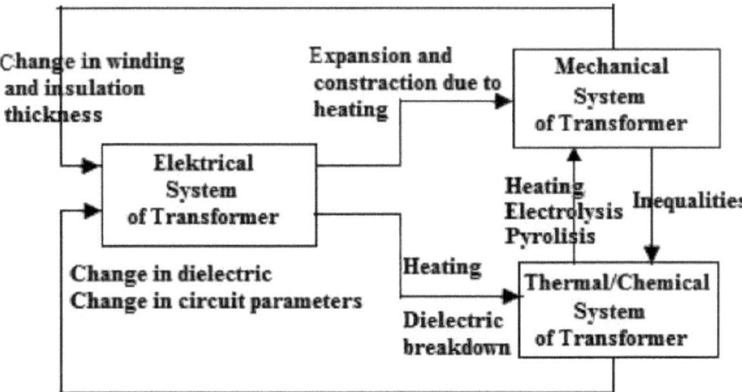

Fig. 4 Estado geral de avarias do transformador de potência.

A análise de avarias é composta por quatro componentes principais: preparação, teste, exame e conclusão do relatório. Na fase de preparação, é necessário recolher rapidamente informações e documentos sobre a avaria. As conclusões da falha são obtidas através de estudos de teste. Os exames consistem em três etapas. Estas são completadas por uma inspeção externa, uma inspeção interna e, finalmente, a remoção do transformador do seu depósito, se necessário, por abertura. Quando são recolhidos dados suficientes para avaliar a avaria e de acordo com os resultados dos ensaios, são identificados os engenheiros de origem da avaria e determinados os factores que estão na origem da avaria. Devem ser recolhidos registos históricos e informações sobre o transformador a examinar. A informação sobre a aplicação e o funcionamento é obtida através da deslocação à zona do defeito. Todo o pessoal que tenha testemunhado a ocorrência da falha ou do problema é consultado. O transformador é examinado e, se necessário, pode ser instalado parcial ou totalmente [26]. São analisados os registos e relatórios das informações obtidas e o histórico do transformador. Partilha-se com o pessoal capaz de elaborar relatórios preliminares e contribuir. Os relatórios são revistos. Com o controlo, se necessário, eliminam-se informações adicionais ou alterações ao relatório. O relatório final deve ser preparado. A recolha de todas as informações relacionadas com a falha é muito importante para a resolução da falha. Decide-se qual o método a aplicar face ao evento encontrado no estado de defeito ou no transformador. Na prática, o isolamento do transformador é efectuado em primeiro lugar [27]. O transformador é verificado de acordo com os resultados dos últimos ensaios a partir da primeira operação. Após a energização do transformador, é necessário registar os sinais pertencentes ao relé que opera pelo equipamento de proteção. Desta forma, ajuda a avaliar as avarias na empresa através da recolha de informação nos transformadores de potência. Para recolher a informação, os trabalhadores devem cooperar a todos os níveis. A pessoa presente ao investigador é informada sobre o transformador relacionado com a avaria de forma rápida e exacta [28]. Ao mesmo tempo, o fabricante também é informado sobre a avaria. O fabricante deve ser informado, em particular, de uma falha de transformador. Os testes de fábrica, os resultados do histórico do transformador, os projectos de transformadores e os dados fora dos dados normais que são considerados úteis para a iluminação do defeito são obtidos junto do fabricante. É aconselhável fornecer ao fabricante ou à equipa de reparação as informações a utilizar para a análise da avaria [29]. Assim, as coisas tornam-se rápidas. São tomadas decisões exactas para o diagnóstico. É importante obter e examinar o ficheiro do transformador defeituoso antes de se deslocar ao local da avaria. Com alguns resultados, a informação atual acelera a análise. No âmbito da preparação, devem ser obtidas as instruções de funcionamento do transformador, informações sobre o transformador, imagens do transformador, equipamento do transformador e fotografias da fábrica [30]. Devem estar presentes relatórios de ensaios do transformador, relatórios de ensaios de fábrica, ensaios de campo, relatórios de ensaios de rotina, diagrama unifilar da subestação, projectos de proteção/secundária, relatórios de estudos passados ou de condições de falha, configurações dos sistemas de proteção e medição, máquina fotográfica, fita métrica, vestuário de proteção, óculos de campo, óculos de segurança, gravador, lente, holofote, lanterna, íman, garrafa de amostra de óleo, seringa e medidor de oxigénio.

Casos de inspeção geral de transformadores;

F1:Estado de funcionamento do para-raios

F2: Estado físico do para-raios

F3:Estado elétrico do para-raios

F4:Estado da ligação do para-raios

F5: Qualquer sinal de um relâmpago

F6:Relâmpago para a zona do estado do transformador
F7:Sons inesperados, estado das situações
F8:Detritos no transformador ou estado do acessório
F9:Vermelhidão, estado do trajeto de salto
F10:Estado das radiações
F11:Estado do sistema de água do transformador
F12: Informações sobre a testemunha
F13:Sobrecarga do transformador em caso de avaria
F14:Recolha de informações sobre acontecimentos no sistema
F15:Estado de funcionamento dos ventiladores e bombas
F16:As válvulas do radiador estão abertas
F17:Resíduos ou corrosão no sistema de arrefecimento
F18:Insuflável no caldeirão, lança, saliente
F19:Estado das fissuras no reservatório
F20:Estado das fugas no reservatório
F21:Vestígio de sobreaquecimento
F22:Estado do nível de óleo na estufa
F23:Estado da junta, do casquilho e da tampa
F24:Estado da pressão do gás
F25:Negligência no painel de controlo
F26:Estado das fugas
F27:Estado da fratura da porcelana
F28:Furos nas fitas
F29:Ter uma pista de saltos
F30:Estado do nível do óleo
F31:Posição do comutador de derivação
F32:Posição máxima de mudança de tap
F33:Posição mínima de mudança de tap
F34:Posição do comutador de derivação do descarregador
F35:Nível de óleo do comutador de derivação
F36:Registo do contador de mudança de tapes
F37:Estado do funcionamento diferencial
F38:Estado de funcionamento do relé de sobreintensidade
F39:Estado de funcionamento do relé de sobrecarga
F40:Estado de funcionamento do relé de falha de terra
F41:Estado de funcionamento do relé de terra direcional
F42:Estado de funcionamento do relé de aviso excessivo
F43:Indicadores de medição funcionam
F44:Estado de funcionamento do relé de pressão
F45:Estado da temperatura do líquido ou do óleo
F46:Traço do enrolamento ou do ponto quente
F47:Estado do nível de óleo no depósito principal
F48:Estado do nível de óleo no comutador de derivação
F49:Estado do nível do óleo na estufa
F50:Estado do relé de deteção de gás
F51:Estado do relé de movimento do óleo
F52:Estado dos sinais dos anunciadores
F53:Situação do seguro

F54:Estado dos registos de avarias
F55:Estado dos registos do oscilógrafo
F56:Estado da resistência do enrolamento
F57:Estado da resistência do enrolamento à terra
F58:Estado de todas as resistências de terra do enrolamento
F59:Estado do índice de polarização
F60:Estado do nível total de gás combustível

A fim de determinar o isolamento principal e o ponto de dano, são efectuados testes de enrolamento, enrolamento-terra e todos os enrolamentos-terra. O índice de polarização é verificado para o isolamento principal. O isolamento auxiliar e o ponto de dano são determinados a partir do rácio do enrolamento e do ensaio de resistência CC do enrolamento [31]. O isolamento principal é controlado a partir do ensaio do fator de potência. Apenas o ponto de dano é determinado a partir do ensaio de rigidez dieléctrica do óleo. O isolamento auxiliar é determinado pelo ensaio de deteção de danos mecânicos e de localização de danos [32]. Os danos mecânicos, a deteção de danos, o controlo do isolamento auxiliar, o impulso de baixa tensão, a impedância e a análise da resposta em frequência são determinados a partir do ensaio. Apenas o controlo do isolamento auxiliar é efectuado a partir do ensaio de tensão de indução. O objetivo dos ensaios de índice de polarização é determinar se o equipamento é resistente à tensão normal ou à sobretensão. O índice de polarização é a medida da resistência de mega ohm medida no final de 10 min. Quando o índice de polarização é inferior a 1, a condição de isolamento é perigosa. É fraco entre 11,1. É duvidoso entre 1,1-1,25. É bom entre 1,25 e 2. É muito bom quando é superior a 2. Quando o nível de Gás Combustível Total está entre 0-500 ppm, não há problema no funcionamento do transformador, a menos que um gás guia exceda o valor limite normal [33]. Registou-se alguma deterioração do isolamento do transformador no intervalo 500-1500. Devem ser tomadas as precauções necessárias contra a possibilidade de uma falha. No intervalo 1500-2500, o isolamento do transformador foi danificado. Poderá existir uma avaria no transformador. Se a situação for grave, devem ser tomadas imediatamente as medidas necessárias. Inflamável total quando o nível de gás excede 2500 ppm, pode ter ocorrido uma deterioração significativa do isolamento do transformador. As causas da produção de gás e da produção de gás são investigadas. As acções adequadas são tomadas através da adoção das medidas necessárias [34]. De acordo com a necessidade de definir a falha do transformador, existem algumas limitações para a solução óptima. No caso inicial, foram efectuadas algumas pré-definições para poupar tempo e reduzir o espaço de pesquisa. Os passos básicos do Algoritmo de Abelhas para encontrar e analisar as falhas do transformador são os seguintes

Passo 1: O problema do transformador é atribuído ao problema para resolver o problema.
Passo 2: O problema do transformador é atribuído à classe definida.
Passo 3: Os problemas do transformador são atribuídos à sua classe de acordo com o tipo de problema.
Passo 4: Não devem ser atribuídos métodos de análise diferentes ao mesmo período de tempo.
Passo 5: Não se deve atribuir o mesmo prazo a problemas diferentes.
Passo 6: Se o problema for resolvido por soluções específicas, o problema deve ser atribuído a soluções comuns.

Os parâmetros básicos do algoritmo da abelha são apresentados na Tabela 1.

Tabela 1 Parâmetros do algoritmo das abelhas

Parâmetros do algoritmo de abelhas	Explicação

n	Número de soluções
f	Número de zonas erradas selecionadas a partir de um número n de erros problemáticos
b	O "f" selecionado é o melhor número de zonas na região errada
nbp	Número de soluções aplicadas à melhor solução b zona região defeituosa
нгр	Número restante de soluções (f-b)
USS	Tamanho da pesquisa da solução vizinha
itn	Critério de paragem (número de iterações)

O espaço de pesquisa de soluções 'n' é apresentado na Figura I-2.5. O Algoritmo da Abelha Criada para encontrar e
analisando os erros do transformador são dados na Figura I-2.6 [24].

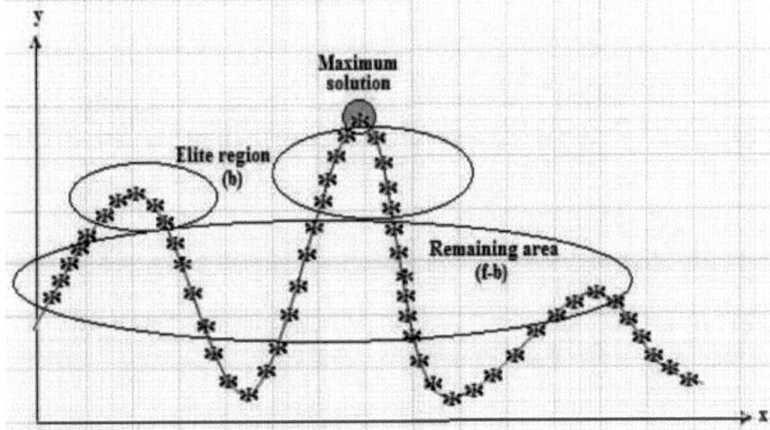

Fig. 5 Espaço de investigação de soluções "n".

No estudo, foi desenvolvido um software que permite identificar as unidades de transformação e as possíveis falhas do transformador.

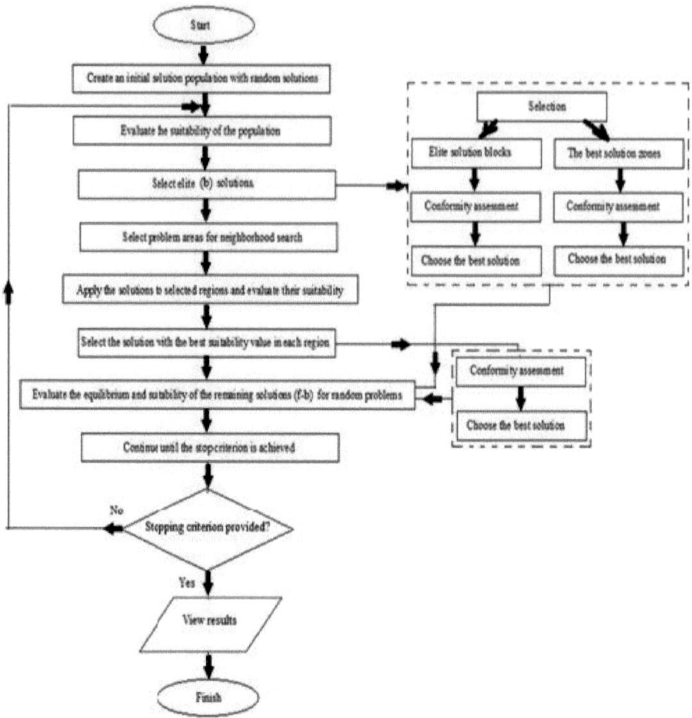

Fig. 6 O Algoritmo da Abelha Criada para encontrar e analisar os defeitos do transformador.
O diagrama de fluxo do programa é apresentado na Figura 7.

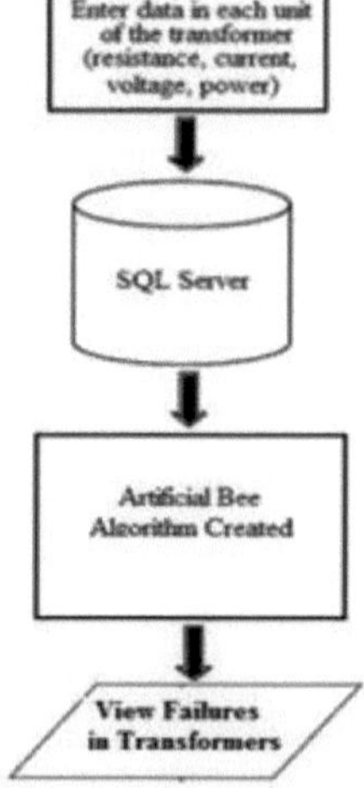

Fig. 7 O programa de análise de falhas.

O hardware do programa de análise de falhas é apresentado na Figura I-2.8.

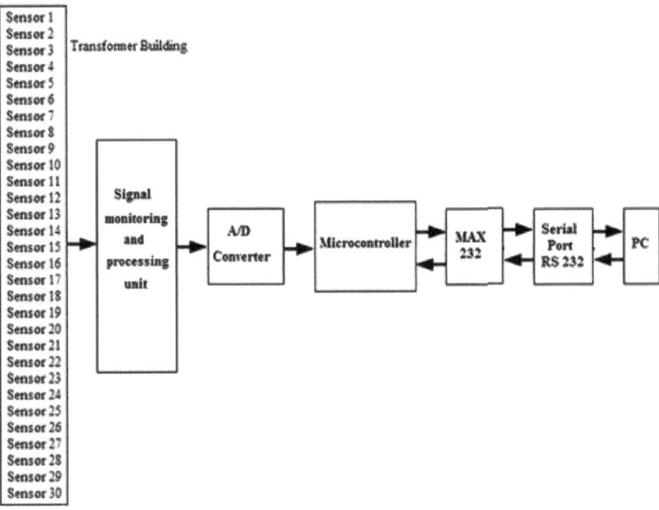

Fig. 8 Hardware do programa de análise de falhas.

A interface do programa de análise de defeitos em transformadores é apresentada na Figura 9.

TRANSFORMER FAULT PROGRAM

HV Voltage: 10 kV
Supply System L.V: 400/230 V 50Hz
Load Maximum Demand [kVA]: 840
Load Power Factor: 0,8 lag
Max.Allowable Site Voltage Drop [%]: 5
Actual Site Voltage Drop [%]: 1,8
Rating [kVA]: 1,000
Transformer Impedance [%]: 6.05
Short Circuit Power [MVA]: 16.1
Short Circuit Current [kA]: 24
Full Load Current [A]: 1445

Earthing: MEN at MSB
Transformatör Selection:
Automatic O User Input Data

Transformer Impedance Data:
Impedance Z: 0.009790 Ohms
Resistance R: 0.001360 Ohms
Reactance X: 0.009720 Ohms

Transformer Type
Dry Type
PRÍMARY SECONDARY
1,000 kVA, 6.10% [0.0013+0.0097 Ohms]
Δ Y

Transformers Failures
Transformer core REGULAR
Winding F57
Insulation REGULAR
Tank REGULAR
Bushings REGULAR
Conservator and breather REGULAR
Tapping and tap changing REGULAR
Buchholz Relay REGULAR
Explosion vent REGULAR
Transformer oil F51

Main Cable Sizing:
Size to Match Transformer
O Size to Satisfy Maximum Demand

Bus Bar Sizing-Main Switch Board:
Size to Match Transformer
O Size to Satisfy Maximum Demand

Main Switch Sizing:
Size to Match Transformer
O Size to Satisfy Maximum Demand

Report Messages Close

Fig. 9 A interface do programa de análise de falhas.

O painel de deteção de avarias de transformadores de potência criado é apresentado na figura 10.

Fig. 10 Painel de deteção de avarias em transformadores de potência criados.

Os valores medidos e os valores obtidos com o algoritmo da corrente do enrolamento são apresentados na Figura .11.

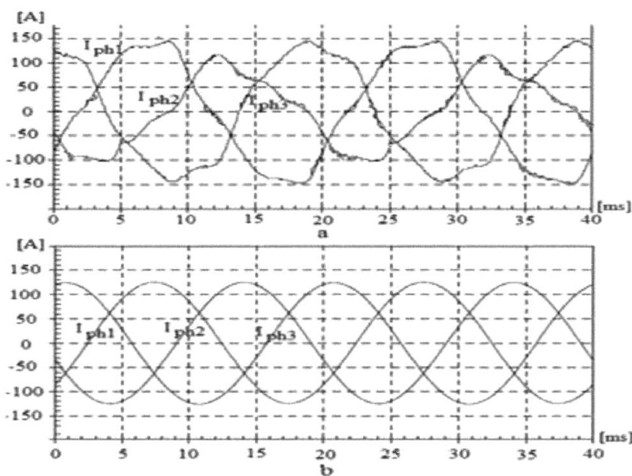

Fig. 11 Valores medidos e valores obtidos com o algoritmo da corrente do enrolamento.

Os valores medidos e os valores obtidos com o algoritmo no transformador de potência são apresentados na Tabela 2.

Tabela 2 Valores medidos e valores obtidos com o algoritmo no transformador de potência

Parametro	Valores medidos	Valores do algoritmo
Corrente livre	1 %	0,95 %
Perdas de cobre	24 kW	22,8 kW
Perdas de ferro	3,8 kW	3,61 kW
Tensão de curto-circuito	6 %	5,70 %
Queda de tensão a plena carga (Cos0=O,8)	4,41 %	3,96 %
Eficiência a plena carga (Cos0=0,8)	98,62 %	93,68 %
Queda de tensão a plena carga (Cos0=1)	1,14 %	1,08 %
Eficiência a plena carga (Cos0=1)	98,90 %	93,95 %

Os erros percentuais do programa de análise de falhas são apresentados na Figura I-2.12.

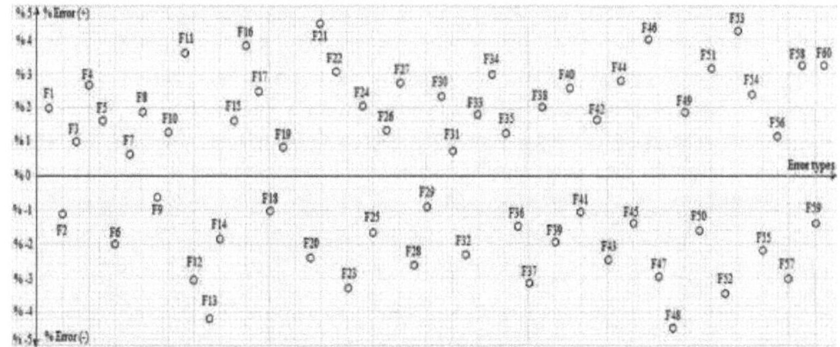

Fig. 12 Erro percentual do programa de análise de falhas.

Entende-se que o erro nos dados óptimos obtidos com o algoritmo desenvolvido se situa entre

±1% e ±5% e que os resultados são alcançados mais rapidamente. A mudança de iteração do algoritmo da abelha criada e de outros algoritmos é mostrada na Figura 13.

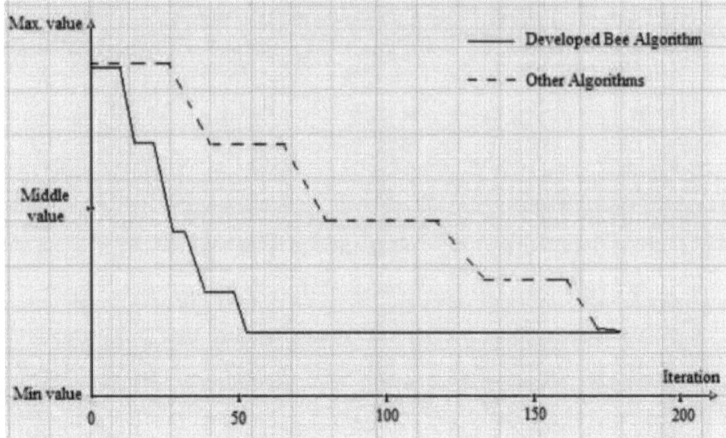

Fig. 13 Mudança de iteração do algoritmo da abelha criada e de outro algoritmo.

A 53ª iteração no algoritmo de abelhas desenvolvido atingiu a conclusão. Nos outros algoritmos (algoritmos determinísticos e estocásticos), o resultado foi alcançado na 170ª iteração. Assim, quando comparado com o algoritmo da abelha artificial e outros algoritmos, o algoritmo melhorado é capaz de efetuar uma melhor pesquisa. A crescente necessidade de energia aumenta a importância do fornecimento ininterrupto de eletricidade. Neste caso, a nossa tarefa é diagnosticar as falhas no sistema de energia que podem causar interrupções até que o consumidor final chegue ao ponto onde a eletricidade é gerada. Mesmo assim, é necessário ser capaz de diagnosticar a falha antecipadamente e fazer esses diagnósticos sem qualquer falha de energia.

O método heurístico foi desenvolvido para identificar avarias em transformadores de potência. Assim, procurou-se obter o melhor resultado possível. Foi criado um algoritmo que identifica automaticamente as avarias nos transformadores de potência. Este algoritmo baseado na inteligência de manada é utilizado para descrever as avarias dos transformadores com base no comportamento das abelhas que se deslocam em manada para encontrar alimento. Após a execução e conclusão do algoritmo, a falha do transformador é automaticamente apresentada. O software foi desenvolvido em linguagem de programação C # utilizando o algoritmo Artificial Bee Colony. Foi criado um equipamento eletrónico para transferir os dados de 30 sensores ligados a diferentes unidades do transformador para o computador. Foi concebida uma placa de interface utilizando o microcontrolador para comunicar com o computador através dos sensores, do microcontrolador e da porta série do sistema concebido. O programa desta placa é escrito em PICC. Os valores de tensão obtidos dos sensores através da porta série são visualizados no ecrã do programa criado no ecrã do computador. Para o ambiente onde as informações são armazenadas, foi criado um programa de identificação de defeitos do transformador utilizando a base de dados Microsoft SQL Server 2017. Além do circuito eletrónico concebido para comunicar com o computador, foi escrito um programa de interface na linguagem de programação Visual Basic. Microcontrolador e transferência de dados integrados via porta série. Foram comparados os dados obtidos com o algoritmo desenvolvido e os resultados experimentais obtidos com o transformador avariado. Percebe-se que o erro nos dados obtidos a partir do algoritmo desenvolvido está entre ± 1% e 5% e os resultados são alcançados mais rapidamente. As falhas no transformador de potência são definidas num curto espaço de tempo.

5. Otimização da eficiência do transformador de potência utilizando o algoritmo híbrido desenvolvido do cuco e da polinização de flores

Neste estudo, foram desenvolvidos os algoritmos Hybrid Cuckoo (CA) e Flower Pollination (FPA) para encontrar o ponto de trabalho em que a eficiência do transformador é a melhor, de acordo com as diferentes condições de carga dos transformadores de potência. Foram comparados os resultados obtidos a partir das experiências com transformadores de diferentes potências e estruturas nos postos de transformação do distrito de Erdemli, na província de Mersin, e os resultados obtidos a partir dos algoritmos desenvolvidos. A exatidão dos resultados obtidos com o algoritmo Hybrid Cuckoo (CA) e Flower Pollination (FPA) desenvolvido para a otimização da eficiência do transformador de potência foi considerada adequada. Foi desenvolvido um método alternativo para a otimização da eficiência do transformador utilizando este algoritmo híbrido.

A produção de eletricidade é feita em três fases a tensões de 13,2 kV ou superiores. A transmissão de energia é efectuada a altas tensões de 110, 132, 275, 400 e 750 kV. Por conseguinte, são necessários transformadores que aumentam a tensão para fornecer a tensão gerada à linha de transmissão. Estas tensões de transmissão são reduzidas para tensões de distribuição de 6600, 4600 e 2300 volts e depois para tensões de funcionamento de 440, 220 ou 120 volts. Os transformadores ocupam um lugar importante nas fases de produção, transmissão, distribuição e consumo de energia eléctrica [35]. A eficiência é um parâmetro importante para todas as máquinas eléctricas. Espera-se que a eficiência dos transformadores seja tão elevada quanto a sua eficiência [36]. Os algoritmos heurísticos são algoritmos capazes de fornecer soluções próximas do ótimo em tempo aceitável para problemas de otimização em grande escala. Os métodos de otimização intuitivos foram desenvolvidos para encontrar o melhor resultado, ótimo, sob determinadas condições. A eficiência do transformador deve ser tão elevada quanto possível em vários casos de carga. Neste estudo, foi desenvolvido um algoritmo híbrido de cuco (CS) e polinização floral (FPA) para encontrar o ponto de trabalho em que os diferentes tipos de transformadores têm a máxima eficiência em comparação com diferentes condições de carga. Com este algoritmo híbrido desenvolvido, a eficiência do transformador de potência é optimizada. Os resultados obtidos a partir de estudos experimentais foram comparados com os resultados obtidos a partir do método de otimização híbrido. Parte da potência fornecida ao transformador é consumida por perdas no ferro e no cobre. Ou seja, nem toda a potência fornecida ao transformador pode ser retirada do secundário. A relação entre a potência retirada do transformador e a potência fornecida é designada por rendimento. Existe um rendimento direto e indireto no transformador. No método direto, o amperímetro, o voltímetro e o wattímetro são ligados ao primário e ao secundário do transformador. O transformador é carregado gradualmente desde o estado sem carga até ao estado com carga total. Assim, a potência fornecida ao transformador em várias correntes de carga e a potência é medida com a ajuda de um wattímetro. Encontra-se a relação entre a potência recebida e a potência fornecida e o rendimento. A perda de ferro do transformador pelo método indireto é medida a partir do ensaio em branco e as perdas de cobre a partir do ensaio de curto-circuito. Quando estas perdas são adicionadas à potência de saída, obtém-se a potência de entrada. Assim, obtém-se o rendimento do transformador. À medida que a potência do transformador aumenta, a sua eficiência aumenta. A maior eficiência em transformadores de potência é observada quando as perdas no cobre são iguais às perdas no ferro [37, 38, 39, 40]. As variações da eficiência com o fator de potência a diferentes cargas num transformador típico são apresentadas na Figura 14.

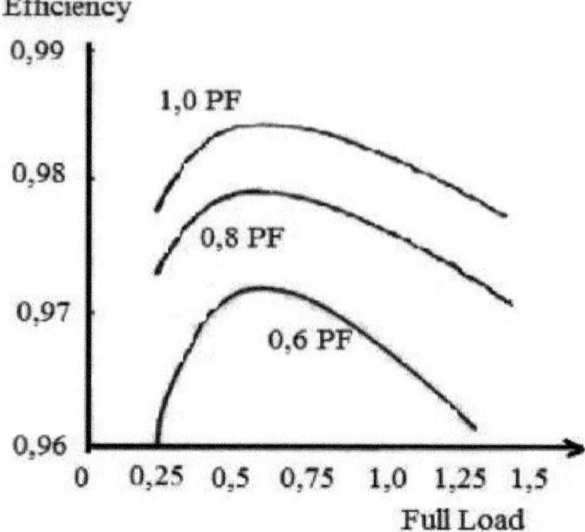

Fig. 14 Variação da eficiência com o fator de potência a diferentes cargas num transformador típico

O algoritmo híbrido desenvolvido para a otimização da eficiência do transformador de potência é apresentado na Figura 15.

Existem duas variáveis que compõem a perda total nos transformadores. A primeira são as perdas de ferro que constituem o núcleo de ferro. A segunda são as perdas de cobre nos enrolamentos. Por isso, quanto menos os dois factores afectarem a eficiência, mais as perdas totais serão reduzidas. A primeira das nossas variáveis é a secção transversal do ferro. Este valor afecta as dimensões do transformador. O núcleo do transformador é fino e comprido em valores pequenos do fator de conformidade da secção transversal do ferro. O núcleo de ferro permanece espesso e plano nos valores grandes do fator de conformidade da secção transversal do ferro. O fator de conformidade da secção transversal do ferro refere-se à quantidade de energia que flui através da área unitária do núcleo de ferro. Quanto maior for a eficiência deste fator, maior será a eficiência do fluxo de energia. A eficiência deste fator será baixa, uma vez que haverá pouca transição de energia. As secções transversais dos condutores primário e secundário são obtidas a partir das densidades de corrente e as perdas de corrente no cobre são calculadas. Quando o fator de potência aumenta, a eficiência do transformador aumenta. Enquanto a carga estiver num ponto ótimo, entende-se que o rendimento é máximo. As perdas no ferro e no cobre devem ser iguais entre si para garantir o máximo rendimento. Se a perda de cobre, que é variável, for igual à perda de ferro constante a uma determinada taxa de carga, o rendimento será máximo a essa carga [41-45].

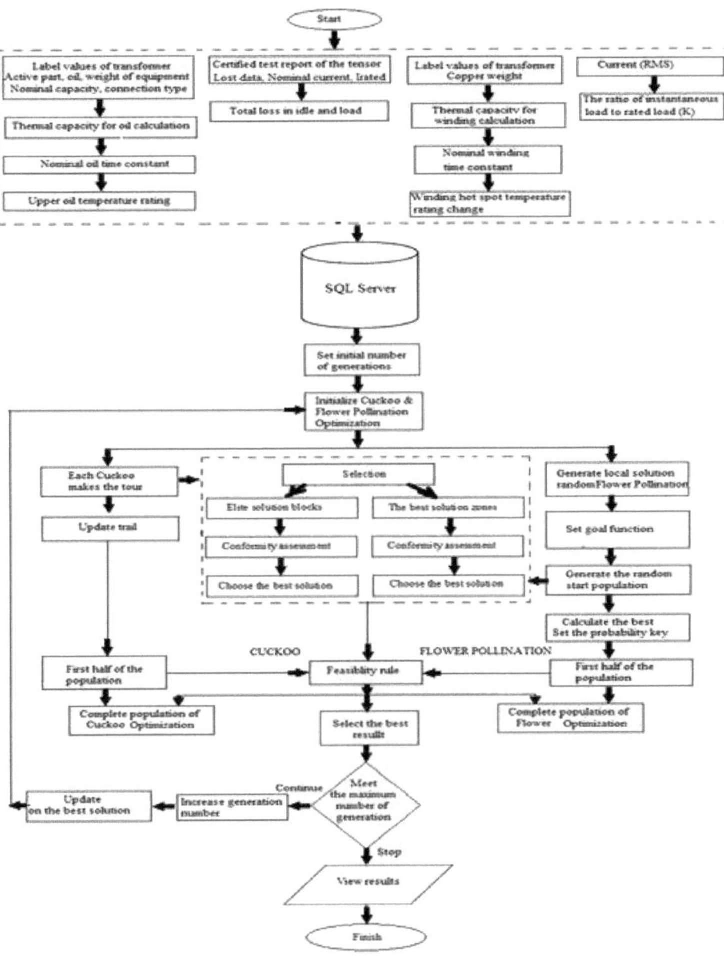

Fig. 15 Algoritmo híbrido desenvolvido

O algoritmo continua até que os parâmetros de eficiência máxima do transformador de potência sejam obtidos. O algoritmo pára quando o estado desejado é atingido. O algoritmo tem dois ramos paralelos. O primeiro braço é a otimização da polinização das flores. O segundo braço é a otimização cuco. No primeiro braço, a função objetivo é determinada. É gerada uma população inicial aleatória. A melhor solução é calculada para a população inicial. Determina-se a chave de probabilidade de repetição. O primeiro braço é criado no segundo braço. A cada ave é atribuído um número aleatório de ovos. O raio máximo de desova é determinado para cada ave. Especificar o raio de postura dos ovos no espaço é libertado. Os ovos reconhecidos pelas aves hospedeiras são destruídos. As galinhas podem eclodir e crescer. O habitat de cada ave em crescimento é avaliado. O número de aves que podem viver na área é limitado. As zonas indesejadas são destruídas. O melhor grupo de aves é identificado e o habitat alvo é selecionado. A nova população de cucos migra para o habitat de destino. A otimização é interrompida se a condição requerida for cumprida. Se não for, as iterações continuam desde o início. No algoritmo, dois braços paralelos são combinados a seguir para encontrar a melhor solução [41-45].

Neste estudo, a otimização da eficiência em diferentes condições de carga para transformadores de potência foi realizada com o algoritmo híbrido de cuco e polinização floral desenvolvido. Os resultados obtidos com o algoritmo híbrido de cuco e polinização floral desenvolvido e os resultados obtidos a partir dos dados experimentais foram comparados. Verifica-se que os resultados são semelhantes com um erro de ± 3%. Isto mostra que o algoritmo híbrido de cuco e polinização de flores desenvolvido é um método alternativo e alternativo para a otimização do rendimento. A vantagem deste método para os projectistas é a obtenção de resultados rápidos sem ter de lidar com combinações próximas que são possíveis para alcançar a solução óptima. medida que a taxa de carregamento aumentou, registou-se um aumento do rendimento, mas este aumento não se alterou a partir de um determinado ponto.

Foram estudados os comportamentos de abelhas, formigas, cucos e pirilampos artificiais. O Algoritmo Híbrido Formiga / Pirilampo e o Algoritmo Híbrido Cuco / Polinização de Flores foram desenvolvidos para obter uma solução mais rápida e precisa. Utilizando estes algoritmos híbridos, foram criadas interfaces na linguagem de programação C++. Através do programa de computador, foram determinados os erros nos enrolamentos do transformador. Um programa de computador que determina falhas em transformadores de potência foi criado em linguagem de programação C++ usando o algoritmo de abelha desenvolvido. A eficiência do transformador de potência é optimizada utilizando o algoritmo híbrido cuco/polinização de flores criado. Como se pode depreender dos dados obtidos, o erro situa-se entre ± 1% e 5%. As falhas no transformador de potência são definidas num curto espaço de tempo. A otimização da eficiência em diferentes condições de carga para transformadores de potência foi realizada com o algoritmo híbrido de cuco e polinização de flores desenvolvido. Isto mostra que o algoritmo híbrido de cuco e polinização de flores desenvolvido é um método alternativo para a otimização do rendimento. A vantagem deste método para os projectistas é a obtenção de resultados rápidos sem ter de lidar com combinações muito próximas que são possíveis para alcançar a solução óptima.

CAPÍTULO 2

EFICIÊNCIA DO TRANSFORMADOR DE POTÊNCIA OPTIMIZAÇÃO UTILIZANDO O SISTEMA HÍBRIDO DESENVOLVIDO

ALGORITMO DO CUCO (CA) E DA POLINIZAÇÃO DAS FLORES (FPA)

1. INTRODUÇÃO

Neste estudo, foram desenvolvidos os algoritmos Hybrid Cuckoo (CA) e Flower Pollination (FPA) para encontrar o ponto de trabalho em que a eficiência do transformador é a melhor, de acordo com as diferentes condições de carga dos transformadores de potência. Foram comparados os resultados obtidos a partir das experiências com transformadores de diferentes potências e estruturas nos postos de transformação do distrito de Erdemli, na província de Mersin, e os resultados obtidos a partir dos algoritmos desenvolvidos. A exatidão dos resultados obtidos com o algoritmo Hybrid Cuckoo (CA) e Flower Pollination (FPA) desenvolvido para a otimização da eficiência do transformador de potência foi considerada adequada. Foi desenvolvido um método alternativo para a otimização da eficiência do transformador utilizando este algoritmo híbrido.

A produção de eletricidade é feita em três fases a tensões de 13,2 kV ou superiores. A transmissão de energia é efectuada a altas tensões de 110, 132, 275, 400 e 750 kV. Por conseguinte, são necessários transformadores que aumentam a tensão para fornecer a tensão gerada à linha de transmissão. Estas tensões de transmissão são reduzidas para tensões de distribuição de 6600, 4600 e 2300 volts e depois para tensões de funcionamento de 440, 220 ou 120 volts. Os transformadores ocupam um lugar importante nas fases de produção, transmissão, distribuição e consumo de energia eléctrica (Eleftherios, 1999). A eficiência é um parâmetro importante para todas as máquinas eléctricas. Espera-se que a eficiência dos transformadores seja tão elevada quanto a sua eficiência (Hasmat, 2011). Os algoritmos heurísticos são algoritmos capazes de fornecer soluções próximas do ótimo em tempo aceitável para problemas de otimização em grande escala. Os métodos de otimização intuitivos foram desenvolvidos para encontrar o melhor resultado, ótimo, sob determinadas condições. A eficiência do transformador deve ser tão elevada quanto possível em vários casos de carga. Neste estudo, foi desenvolvido um algoritmo híbrido de cuco (CS) e polinização floral (FPA) para encontrar o ponto de trabalho em que os diferentes tipos de transformadores têm a máxima eficiência em comparação com diferentes condições de carga. Com este algoritmo híbrido desenvolvido, a eficiência do transformador de potência é optimizada. Os resultados obtidos a partir de estudos experimentais foram comparados com os resultados obtidos a partir do método de otimização híbrido.

2. EFICIÊNCIA DOS TRANSFORMADORES DE POTÊNCIA

Parte da potência fornecida ao transformador é consumida por perdas de ferro e cobre. Ou seja, nem toda a potência fornecida ao transformador pode ser retirada do secundário. A relação entre a potência retirada do transformador e a potência fornecida é designada por rendimento. Existe um rendimento direto e indireto no transformador. No método direto, o amperímetro, o voltímetro e o wattímetro são ligados ao primário e ao secundário do transformador. O transformador é carregado gradualmente desde o estado sem carga até ao estado com carga total. Assim, a potência fornecida ao transformador em várias correntes de carga e a potência é medida com a ajuda de um wattímetro. Encontra-se a relação entre a potência recebida e a potência fornecida e o rendimento. A perda de ferro do transformador pelo método indireto é medida a partir do ensaio em branco e as perdas de cobre a partir do ensaio de curto-circuito. Quando estas perdas são adicionadas à potência de saída, obtém-se a potência de entrada. Assim, obtém-se o rendimento do transformador. À medida que a potência do transformador aumenta, a sua eficiência aumenta. A eficiência mais elevada nos transformadores de potência é observada quando as perdas no cobre são iguais às perdas no ferro (Khawaja, 2010, Rao, 2008, Sim, 1997). As variações da eficiência com o fator de potência a diferentes cargas num transformador típico são apresentadas na Figura 1.

Existem duas variáveis que compõem a perda total nos transformadores. A primeira são as perdas de ferro que constituem o núcleo de ferro. A segunda são as perdas de cobre nos enrolamentos. Por isso, quanto menos os dois factores afectarem a eficiência, mais as perdas totais serão reduzidas. A primeira das nossas variáveis é a secção transversal do ferro. Este valor afecta as dimensões do transformador. O núcleo do transformador é fino e comprido em valores pequenos do fator de conformidade da secção transversal do ferro. O núcleo de ferro permanece espesso e plano nos valores grandes do fator de conformidade da secção transversal do ferro. O fator de conformidade da secção transversal do ferro refere-se à quantidade de energia que flui através da área unitária do núcleo de ferro.

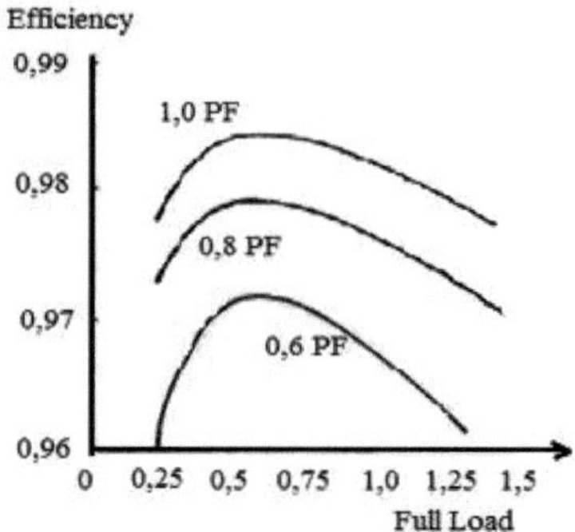

Figura 1. Variação da eficiência com o fator de potência a diferentes cargas num transformador típico

Quanto maior for a eficiência deste fator, maior será a eficiência do fluxo de energia. A eficiência deste fator será baixa, pois haverá pouca transição de energia. As secções transversais dos condutores primário e secundário são obtidas a partir das densidades de corrente e as perdas de corrente no cobre são calculadas. Quando o fator de potência aumenta, a eficiência do transformador aumenta. Quando a carga está num ponto ótimo, entende-se que o rendimento é máximo. O rendimento é calculado de acordo com a Equação 1.

$$\eta = \frac{\text{Output}}{\text{Input}} = \frac{\text{Input}-\text{Losses}}{\text{Input}} = 1 - \frac{\text{Losses}}{\text{Input}} = 1 - \frac{\text{Losses}}{V_2.I_2.\text{Cos}\varnothing+\text{Losses}} \quad (1)$$

Na Equação 1, a Equação 2 é obtida quando se efectua a multiplicação de ambos os lados $(\text{Cos}\varnothing/V_S.I_S)$.

$$\eta = 1 - \frac{\left(\frac{Losses}{V_S.I_S}\right)/_{Cos\emptyset}}{1 + \left(\frac{Losses}{V_S.I_S}\right)/_{Cos\emptyset}} \qquad (2)$$

Vamos, $\alpha = \frac{Losses}{V_S.I_S}$, Obtém-se a equação 3.

$$\eta = 1 - \frac{\alpha/_{Cos\emptyset}}{1 + \alpha/_{Cos\emptyset}} \qquad (3)$$

As perdas de ferro e de cobre devem ser iguais entre si para garantir o máximo rendimento. Se a perda de cobre, que é variável, for igual à perda de ferro constante a uma determinada taxa de carga, o rendimento será máximo a essa carga. O rendimento máximo é obtido de acordo com a Equação 4.

$$\eta_{max} = 1 - \frac{P_{fe}}{0{,}5.S^2.10^3.Cos\emptyset + P_{fe}} \qquad (4)$$

3. O ALGORITMO HÍBRIDO DE POLINIZAÇÃO POR CUCOS E FLORES DESENVOLVIDO

No algoritmo híbrido de polinização por cucos e flores desenvolvido, a modelação matemática foi efectuada imitando o comportamento natural da polinização por cucos e flores. As aves cuco põem os seus ovos nos ninhos de algumas aves (Rajabioun, 2011). A ave hospedeira permite que estes ovos cresçam. Depois de se tornarem aves adultas, migram para outro local de vida. As aves migratórias começam a reproduzir-se novamente. De igual modo, põem os seus ovos nos ninhos de outras aves. A partir destes ovos, as aves bebés crescem e crescem. As aves em crescimento são selecionadas no melhor grupo. Este grupo é escolhido como o novo espaço de vida. A nova população de cucos migra para esta zona (Mahmoudi, 2015). Se o resultado desejado não tiver ocorrido no final do algoritmo, este é repetido. Se obtivermos os resultados desejados, o algoritmo é interrompido e os resultados são registados. O objetivo da polinização das flores é proporcionar uma viabilidade óptima e uma fase de reprodução biológica óptima.

A polinização das flores é mostrada na Figura 2.

Figura 2. Polinização das flores

A polinização e outros factores são os que melhor interagem para a propagação das plantas. Existem duas formas importantes de polinização, a biótica e a abiótica. Enquanto 90% das plantas com flores efectuam a polinização biótica, 10% efectuam a reprodução abiótica. Enquanto os polinizadores, como as moscas e os insectos, transportam o pólen na forma biótica, nenhum polinizador está disponível na forma abiótica. Os processos globais de polinização são realizados biologicamente, e os polinizadores transportam o pólen de acordo com os voos de Lëvy. Os voos de Lëvy são apresentados na Figura 3.

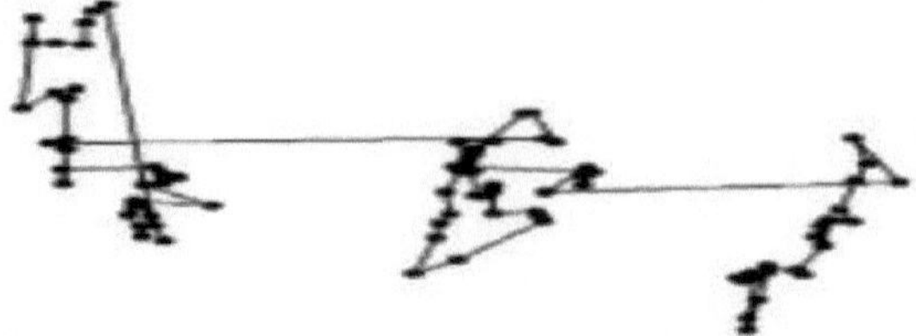

Figura 3. Voos de Lëvy

A polinização abiótica e a autopolinização são consideradas polinização local. Tal como os insectos, os polinizadores podem aumentar a probabilidade de proliferação, que é proporcional à semelhança entre as duas flores. Uma possibilidade fundamental de polinização local e global pode ser controlada por p G [0, 1] (Yang, 2014). Tal como nas flores, o modelo de polinização biótica para determinar os pontos de solução a longas distâncias e o modelo de polinização abiótica dos pontos de solução para investigar a vizinhança do algoritmo é a lógica da otimização.

4. OPTIMIZAÇÃO DA EFICIÊNCIA DO TRANSFORMADOR DE POTÊNCIA UTILIZANDO UM ALGORITMO HÍBRIDO DESENVOLVIDO

O algoritmo híbrido desenvolvido para a otimização da eficiência do transformador de potência é apresentado na Figura 4.

O algoritmo continua até que os parâmetros de eficiência máxima do transformador de potência sejam obtidos. O algoritmo pára quando o estado desejado é atingido. O algoritmo tem dois ramos paralelos. O primeiro braço é a otimização da polinização das flores. O segundo braço é a otimização cuco. No primeiro braço, a função objetivo é determinada. É gerada uma população inicial aleatória. A melhor solução é calculada para a população inicial. Determina-se a chave de probabilidade de repetição. O primeiro braço é criado no segundo braço. A cada ave é atribuído um número aleatório de ovos. O raio máximo de desova é determinado para cada ave. Especificar o raio de postura dos ovos no espaço é libertado. Os ovos reconhecidos pelas aves hospedeiras são destruídos. As galinhas podem eclodir e crescer. O habitat de cada ave em crescimento é avaliado. O número de aves que podem viver na área é limitado. As zonas não desejadas são destruídas. O melhor grupo de aves é identificado e o habitat alvo é selecionado. A nova população de cucos migra para o habitat de destino. A otimização é interrompida se a condição requerida for cumprida. Caso contrário, as iterações continuam desde o início. No algoritmo, dois braços paralelos são combinados a seguir para encontrar a melhor solução.

Neste estudo, a otimização da eficiência em diferentes condições de carga para transformadores de potência foi realizada com o algoritmo híbrido de cuco e polinização floral desenvolvido. Os resultados obtidos com o algoritmo híbrido de cuco e polinização floral desenvolvido e os resultados obtidos a partir dos dados experimentais foram comparados. Verifica-se que os resultados são semelhantes

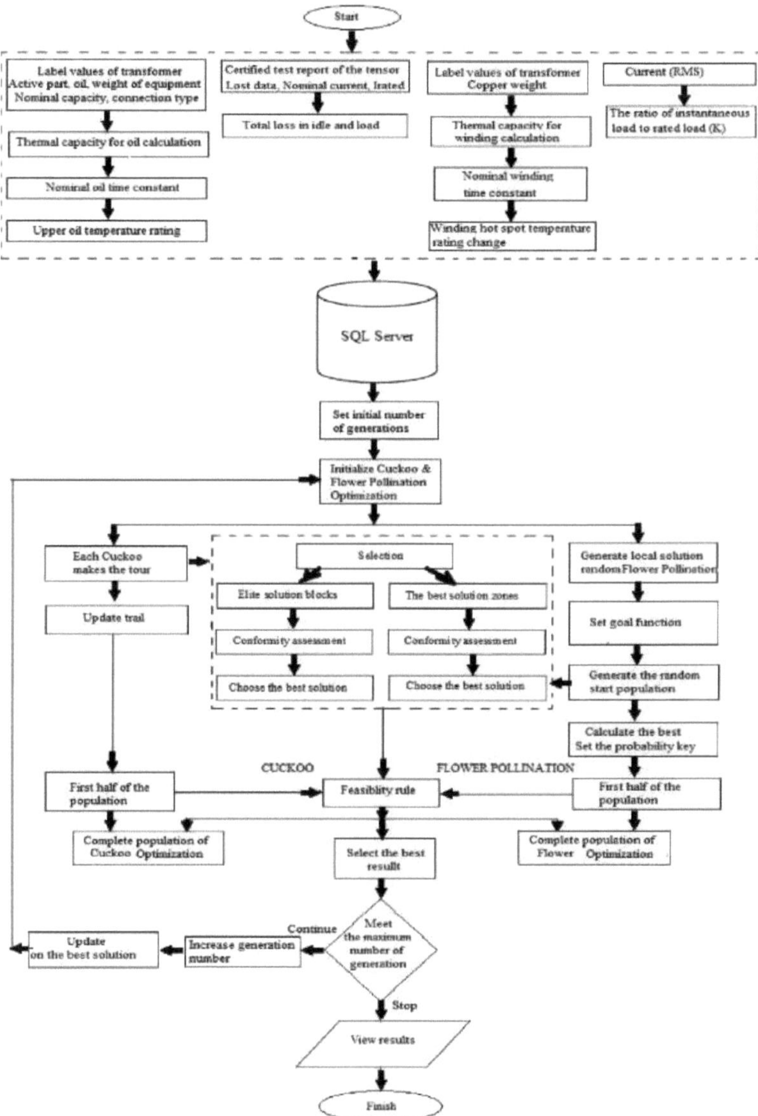

Figura 4. Algoritmo híbrido desenvolvido

com um erro de ± 3%. Isto mostra que o algoritmo híbrido de cuco e polinização de flores desenvolvido é um método alternativo e alternativo para a otimização do rendimento. A vantagem deste método para os projectistas é a obtenção de resultados rápidos sem ter de lidar com combinações muito próximas que são possíveis para alcançar a solução óptima. Com o aumento da taxa de carregamento, registou-se um aumento do rendimento, mas este aumento não se alterou a partir de um determinado ponto.

CAPÍTULO 3

ANÁLISE DAS REDES DE TERRA EM CENTROS DE TRANSFORMADORES UTILIZANDO O ALGORITMO HÍBRIDO ANT/FIREFLY

1. INTRODUÇÃO

Neste estudo, foi desenvolvido um novo algoritmo de otimização através dos algoritmos das formigas (ACO) e do pirilampo (FA), utilizando algoritmos heurísticos. Utilizando este algoritmo desenvolvido, foi feita a análise e o projeto do sistema de aterramento de centros de transmissão. Neste estudo, foram examinados modelos de ligação à terra de centros de transformação e foi efectuada uma análise sazonal do sistema de ligação à terra no distrito de Erdemli, na província de Mersin. Para cada um destes modelos, foram aplicados os algoritmos Ant (ACO), Firefly (FA) e o Ant/Firefly Hybrid Optimization. Os valores obtidos pelos algoritmos foram comparados com as medições efectuadas nos centros de transformação de Erdemli. Verificou-se que a precisão do algoritmo híbrido desenvolvido é adequada. Assim, com a utilização deste algoritmo, consegue-se garantir a condição de segurança e o custo mínimo no projeto das redes de terra utilizadas nos sistemas de ligação à terra das centrais de transmissão.

No nosso país em desenvolvimento, o número de centros de transformação de alta tensão recentemente criados para a vida moderna está a aumentar com o aumento da população. Devido ao aumento da população, os centros de transformação recém-criados permaneceram dentro dos habitats sociais. Para garantir a segurança das pessoas e de outros seres vivos, e para garantir a continuidade do sistema de transmissão de energia, minimizando os cortes de energia, é importante conceber os sistemas de ligação à terra dos centros de transformação de uma forma segura. O projeto da rede de aterramento é medido pela resistência específica do campo a ser instalado no centro de transformadores. Os condutores e hastes de aterramento são enterrados na profundidade adequada sob o solo, seguindo os cálculos baseados em normas. Portanto, tanto as medições de resistência específica do solo quanto os cálculos de projeto da malha de terra são muito importantes. Sempre que o centro de transformadores é energizado e continua a funcionar, as redes de terra têm funções muito importantes. Estas são para proteger os seres vivos de tensões de contacto perigosas, tensões de passo e potenciais terramotos. Ao mesmo tempo, é necessário proteger os equipamentos de alta tensão, permitir que os relés detectem falhas e garantir a continuidade da transmissão de energia da maneira mais geral. Neste estudo, as redes de terra em centros de transformação foram analisadas utilizando o algoritmo híbrido ant/firefly.

2. CONCEPÇÃO DA REDE DE TERRA

No projeto da rede de terra, em primeiro lugar, examina-se o traçado geral do centro de transmissão e o mapa do terreno. A resistividade do solo e o modelo do solo da área a ser aterrada são determinados (Calixto, 2002). Determinam-se a secção transversal dos condutores e a corrente máxima da rede a utilizar na rede de terra. São calculadas as tensões de contacto e de passo máximas admissíveis. O comprimento total do condutor, o número de barras e a profundidade de embutimento são determinados para o arranque. A resistência de ligação à terra e a subida máxima de tensão são calculadas (Cao, 2008). Se o aumento máximo da tensão de terra for inferior à tensão de contacto máxima permitida, o comprimento do condutor especificado, o número de barras e a profundidade de embutimento são adequados. O transformador de ligação à terra é apresentado na Figura 1.

Se o aumento máximo da tensão de terra não for inferior à tensão de contacto máxima admissível, são calculadas as tensões de olho e de passo. Se a tensão de olho for inferior à tensão máxima admissível e, ao mesmo tempo, a tensão de passo for inferior à tensão máxima admissível, o comprimento especificado do condutor, o número de barras e a profundidade de embutimento são adequados. Se a tensão de olho não for superior à tensão de contacto máxima permitida ou à tensão de passo máxima permitida, são especificados outros valores de parâmetros. Devido ao facto de o solo não ser homogéneo, as medições são efectuadas em muitos pontos e em diferentes percursos da área do centro do transformador. Quando a distância entre os eléctrodos é aumentada, tanto a estrutura horizontal como a profunda do solo são informadas sobre a estrutura. A melhor altura para medir a resistência específica do solo é quando o solo está muito seco (Chang, 2006).

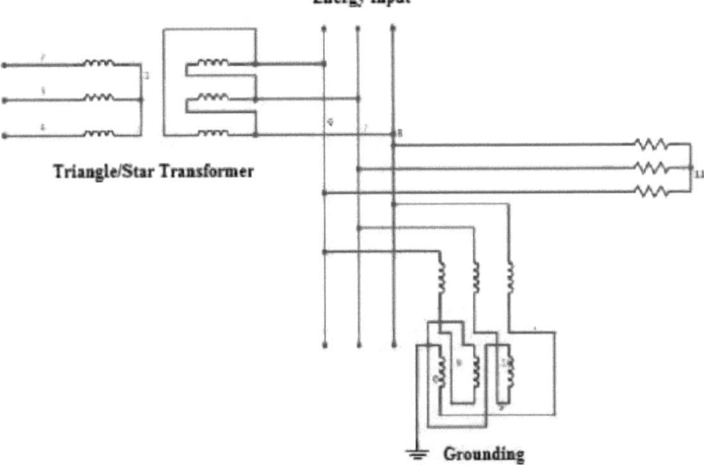

Figura 1. Transformador de ligação à terra

A conceção da rede de terra deve ser efectuada de forma a garantir as piores condições. Em caso de falha de curto-circuito, os condutores de terra devem ser capazes de suportar a maior corrente de defeito sem derreter ou danificar. Devem também ser resistentes às dificuldades encontradas durante o curto-circuito. No nosso país, a secção transversal do condutor de terra nos centros de transformação de alta tensão está limitada a pelo menos 120 mm^2 (Ghoneim, 2006). Nas subestações, os degraus e as tensões de contacto devem ser mantidos dentro de limites seguros. Para tal, o degrau no sistema de ligação à terra, as tensões oculares e o potencial de terra devem ser verificados (Handoko, 2008). A tensão entre o centro do olhal de aterramento retangular é baseada. Esta tensão é maior do que a tensão de contacto medida a um metro do condutor de ligação à terra. O modelo de terra uniforme é utilizado no projeto das redes de terra dos centros de transformação de alta tensão (Gouda, 2006). É feita a média aritmética das medições de resistência específica do solo efectuadas em diferentes pontos da área onde será instalada a rede de terras. O mesmo valor de resistência específica do solo para toda a área é utilizado nos cálculos. Assume-se que todas as camadas de solo na estrutura uniforme do solo têm a mesma resistência específica. A rede de terra homogénea a ser instalada é também homogénea pela aceitação homogénea da estrutura do solo (He, 2003). Os efeitos sazonais devem ser considerados no projeto das redes de terra (He, 2005). Uma rede de terra projectada sem ter em conta as influências sazonais é sempre um risco. Enquanto a geada e a seca aumentam consideravelmente a impedância do solo, a chuva, a humidade e a resistividade do solo diminuem significativamente (Lee, 2005). A corrosão também deve ser considerada ao selecionar os materiais de ligação à terra. Materiais inadequados causarão um evento de bateria. O metal que perde electrões enfraquece com o tempo, encurtando assim a sua vida útil. Por conseguinte, os materiais que podem provocar um evento de bateria não devem ser utilizados em conjunto. Quando os sistemas de ligação à terra fabricados com materiais diferentes são ligados, ocorrem problemas de corrosão grave (Li, 2006). Deve ser selecionado de modo a não causar qualquer corrosão do sal marinho, carbonato de sódio, carvão, pó de madeira ou soluções químicas que são usadas para diminuir a resistência específica nas áreas da subestação onde a resistência do solo é elevada (Seedher, 2003). A seleção inadequada dos materiais a utilizar para melhorar a resistividade do solo irá acelerar o envelhecimento da rede de terra. No projeto das redes de terra centrais dos transformadores, a indutância da rede deve ser tida em conta (Thasananutariya, 2004). As correntes de raio que fluem através dos condutores que formam a rede de terra e a impedância de impulso são controladas. Para que a indutância da rede seja mínima, o ponto de alimentação deve estar no centro da rede. A forma geométrica da rede deve ser quadrada (Tommasini, 2003). Além disso, o número de olhos deve ser aumentado. A indutância da rede é reduzida com a utilização de mais condutores. As correntes de impacto que fluem através dos condutores do sistema de ligação à terra devido a um raio resultam em diferenças de potencial transitórias entre diferentes pontos do sistema de ligação à terra. Consequentemente, podem ocorrer picos de tensão perigosos. O sistema de ligação à terra deve descarregar com segurança a corrente de impacto exposta para o solo sem gerar tensões perigosas para o equipamento elétrico e os seres vivos. Para este efeito, a impedância de impulso deve ser incluída no projeto das redes de terra utilizadas como ligação à terra em centros de transformadores de alta tensão. A impedância de impulso é definida como a relação entre o valor de pico do potencial que a corrente gera no ponto em que entra na rede de terra e o valor de pico da corrente de impulso. O objetivo deste estudo é realizar as redes de terra a formar em centros de transformação utilizando o algoritmo de otimização híbrido formiga/foguete desenvolvido da forma mais fiável e de baixo custo.

3. ALGORITMO HÍBRIDO FORMIGA/FIREFLY DESENVOLVIDO

As feromonas, que as formigas utilizam para encontrar o caminho mais curto, são uma espécie de secreção química que alguns animais utilizam para influenciar outros animais da sua própria espécie. Quando as formigas se deslocam, deixam as feromonas que armazenaram nos caminhos que atravessaram. Preferem o caminho onde é mais provável que haja menos feromona. Este comportamento instintivo explica como encontram o caminho mais curto para a comida, mesmo que um caminho pré-existente não esteja disponível. Considerando que cada formiga deixa a mesma quantidade de feromona à mesma velocidade, pode demorar um pouco mais do que o processo normal se a formiga reconhecer a barreira e escolher o caminho mais curto. Cada formiga adopta uma política de tomada de decisão passo a passo a partir do nó de origem e cria uma solução para o problema. Em cada nó, a informação local é armazenada no próprio nó ou os arcos que saem desse nó são lidos pela formiga. O passo seguinte consiste em decidir qual o nó a utilizar quando se desloca de forma aleatória. Uma formiga atinge o nó a partir do nó até chegar ao nó de destino, completa o seu movimento para a frente e volta ao modo de movimento. Os pirilampos emitem normalmente uma luz intermitente em intervalos curtos. O ritmo de intermitência desta luz faz parte do sistema de sinalização que permite aos pirilampos encontrarem-se e distinguirem-se de outros insectos que emitem luz. A velocidade, a frequência e o tempo antes de os pirilampos responderem uns aos outros têm um significado especial. O método de otimização desenvolvido com base nesta lógica que determina os padrões de sobrevivência dos pirilampos é designado por algoritmo dos pirilampos. O

algoritmo intuitivo baseado na população recomendado para otimizar funções multi-modelo. O método de otimização da manada de pirilampos foi desenvolvido através da observação e imitação dos comportamentos sociais dos pirilampos. O principal objetivo da utilização deste método é captar todos os máximos locais. Nos problemas de otimização de funções multi-modelo, a diferença mais importante entre a otimização da manada de pirilampos e as abordagens anteriores é a área de decisão dinâmica utilizada pelos indivíduos da manada que colocam eficientemente vários picos. Cada indivíduo da manada utiliza a área de decisão para selecionar os seus vizinhos e determina o seu movimento através da força do sinal que recebe dos seus vizinhos. No algoritmo híbrido gerado, foi realizada a modelação matemática do comportamento das colónias de formigas e pirilampos. Este método foi utilizado para resolver os problemas contínuos e descontínuos no projeto e análise de redes de aterramento no transformador, mimetizando o comportamento natural das formigas e vagalumes.
Otimização híbrida de formigas e pirilampos gerados; É uma técnica de otimização híbrida que é utilizada como resultado da monitorização dos caminhos utilizados pelas formigas entre as fontes de alimento e os ninhos e da avaliação da intensidade luminosa dos pirilampos.

4. ANÁLISE DE REDES TERRESTRES ATRAVÉS DE UM ALGORITMO HÍBRIDO

O algoritmo de projeto da rede de terra gerado é apresentado na Figura 2. Os passos básicos do algoritmo são os seguintes:

Passo 1. Introduza o número de experiências, o número máximo de gerações e o número da população (N).

Passo 2. Introduza as informações da subestação.

Passo 3. Determinar o modelo do solo de acordo com as condições sazonais ou as medições da resistividade do solo.

Passo 4. Introduzir a resistividade uniforme do solo, o modelo de solo de duas camadas, a resistividade da camada superior, a resistividade da camada superficial, a espessura do revestimento da superfície, o comprimento da barra a utilizar, o raio da barra a utilizar, os comprimentos geométricos da secção transversal do condutor, a corrente de curto-circuito.

Passo 5. Gerar N cromossomas para a população inicial.

Passo 6. Definir o número total de barras, o número de linhas, o número de colunas e a profundidade da integração da rede.

Passo 7. Calcular a adequação de cada solução.

Passo 8. Se for atingido o número máximo de gerações, identificar e armazenar o cromossoma que melhor se adapta à experiência.

Passo 9. Aumentar o número de experiências se o número máximo de gerações for atingido, mas o número máximo de experiências não for atingido

Passo 10. Recomeçar a experiência.

Passo 11. Se o número máximo de gerações não for atingido, passe à etapa 5.

Passo 12. Avance para o passo 18 se o número máximo de gerações e o número máximo de experiências forem atingidos.

Passo 13. Dividir o número N de cromossomas em grupos binários e cruzar.

Passo 14. Aplicar a mutação a N cromossomas.

Etapa 15. Selecionar o melhor número N de cromossomas para a geração seguinte a partir dos cromossomas obtidos por N número de cromossomas, N número de cromossomas e N número de mutações.

Passo 16. Aumentar o número de gerações em 1 e passar ao passo 5.

Passo 17. GPR <Calcular as tensões de olho e degrau do número 3N de cromossomas quando a condição de turbulência não é satisfeita.

Passo 18. Identificar o melhor cromossoma em todas as experiências

Passo 19. Calcular a média do melhor cromossoma de cada experiência.

Passo 20. Veja os resultados: comprimento total do condutor, número total de barras, aumento de potencial do solo, profundidade de incorporação, tensão máxima de contacto, resistência de ligação à terra, custo.

Um dos princípios básicos da engenharia é resolver os problemas técnicos da forma mais económica possível. O preço dos condutores de ligação à terra e dos varões que formam as redes de ligação à terra é bastante elevado. Os preços dos condutores de cobre mudam rapidamente e são especulativos e estão constantemente a aumentar. Por conseguinte, o custo mínimo deve ser visado com a abordagem de engenharia na conceção da rede de terra. Para a conta de custos, deve ser adicionado o custo de escavação que será gerado durante a ligação à terra dos condutores que formam a rede de terra. Porque o trabalho de escavação do solo é também uma atividade muito dispendiosa.

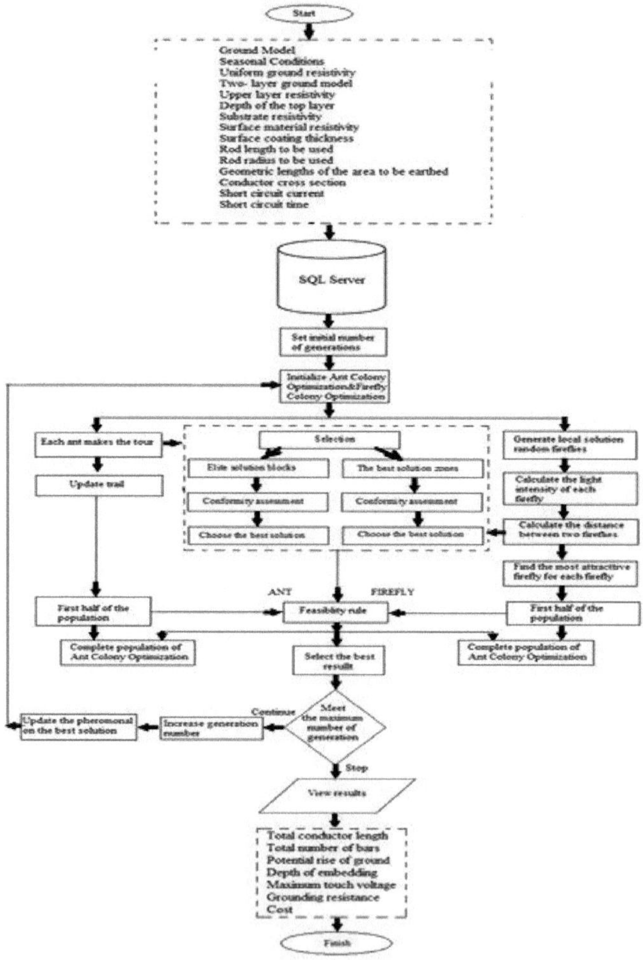

Figura 2. Algoritmo de projeto da rede de terra gerado

Especialmente nas más condições do terreno e do solo, sobretudo na zona rochosa, a escavação gera custos muito elevados. Por isso, o cálculo da escavação dos locais por onde passarão os condutores também deve ser incluído na conta de custos. Para que os custos de escavação sejam mínimos, deve ser prevista a colocação de condutores de comprimento mínimo, que proporcionem condições de segurança e outros requisitos importantes. Caso contrário, milhares de milhões de dólares da economia do país ficarão enterrados no solo. A conceção consistente e fiável das redes de terra utilizadas como sistemas de ligação à terra nos sistemas de ligação à terra e, por conseguinte, nos centros de transformação, constitui a tábua de salvação do sistema de transmissão eléctrica. Mesmo o mais pequeno caso que seja negligenciado ou ignorado impedirá o bom funcionamento do sistema. Após a conceção de uma rede de terra que não tem em conta questões incorrectas, em falta ou importantes, surgem muitos problemas importantes. A reorganização do centro de transformação para eliminar a falha na rede de terra força as condições do sistema de transmissão eléctrica e apresenta uma situação muito perigosa e causa um grande fracasso económico. Para eliminar o defeito na rede de terra, a desenergização do centro de transformação durante muitos dias provoca danos materiais significativos. Por esta razão, é muito perigoso trabalhar numa rede de terra num posto de transformação energizado. Além disso, a falha no projeto da rede de aterramento pode ser notada somente depois que situações muito perigosas, que provavelmente ocorrerão, estiverem ausentes ou não forem consideradas. Por todas estas razões, as redes de terra devem ser projectadas de forma completa e sem erros nos centros de transformação.

CAPÍTULO 4

DEFINIÇÃO DE FALHAS E EFICIÊNCIA EM TRANSFORMADORES DE POTÊNCIA UTILIZANDO O ALGORITMO E PROGRAMA DE COMPUTADOR CRIADO PELO MÉTODOS HEURÍSTICOS DE OPTIMIZAÇÃO DESENVOLVIDOS

1. Introdução

Otimização significa encontrar o melhor ponto de solução. É o processo completo de encontrar o melhor resultado para um problema, sistema ou projeto. Os problemas que envolvem o cálculo de valores de parâmetros desconhecidos para fornecer determinadas restrições são designados por problemas de otimização. Dependendo dos parâmetros fornecidos, deve ser definida uma função de custo a minimizar ou uma função de lucro a maximizar e funções de restrição nas quais os limites do problema são especificados. Os algoritmos heurísticos são critérios ou métodos informáticos definidos com o objetivo de atingir um objetivo ou decidir sobre as alternativas eficazes para atingir um objetivo. Não desenvolvem soluções específicas para o problema e tentam aplicar técnicas de solução pré-determinadas ao problema. Estes algoritmos são capazes de convergir, mas não podem garantir a solução exacta. No entanto, os algoritmos podem garantir uma boa solução próxima da solução exacta. Os algoritmos de otimização meta-heurística são algoritmos que se situam acima dos métodos heurísticos e decidem o método a utilizar para a solução do problema. Têm operadores inspirados na natureza, intuitivos e fáceis de implementar, tal como os algoritmos heurísticos. Estes algoritmos têm de satisfazer determinados critérios, como a proximidade das soluções que encontram em relação ao valor ótimo, o tempo necessário para encontrar esta solução e a codificação que pode ser compreendida por todos. A maioria dos algoritmos meta-heurísticos consiste em algoritmos baseados na população e na utilização da inteligência de rebanho. Os algoritmos começam por criar uma população aleatória. Este processo consiste em criar valores que se enquadram nos limites inferior e superior das variáveis. Para além disso, devem ser determinados os parâmetros de que o algoritmo necessita. Posteriormente, o valor de aptidão deve ser calculado à luz destes valores para cada indivíduo. O algoritmo foi inspirado nos movimentos de algumas comunidades animais que vivem em manadas. No estudo, foram desenvolvidas diferentes optimizações híbridas de enxame de partículas. Ao aplicar estas optimizações híbridas desenvolvidas a problemas de engenharia eléctrica, são apresentadas soluções.

2. O Algoritmo da Abelha Artificial e o Algoritmo Híbrido Cuco/Polinização de Flores

O algoritmo da Colónia de Abelhas Artificiais é inspirado no comportamento inteligente de procura de alimentos das abelhas. Oferece uma solução baseada na inteligência colectiva em problemas de otimização numérica. A inteligência colectiva das colónias de abelhas na procura de alimentos tem três componentes básicos. Estes são as fontes de néctar, as abelhas operárias e as abelhas batedoras. A qualidade de uma fonte de néctar depende de parâmetros como a proximidade da colmeia, a riqueza ou a densidade do seu conteúdo. As abelhas operárias são as que procuram as fontes de néctar e transportam informações sobre a fonte de néctar. As abelhas batedoras são grupos de abelhas que observam a dança das abelhas operárias para decidir qual o recurso a procurar. A quantidade de néctar é o valor da função objetivo que representa a qualidade dessa solução. O número de soluções é igual ao número de operárias. No início, é criada uma posição inicial aleatória. Na etapa seguinte, as abelhas operárias, batedoras e exploradoras avaliam e actualizam a população. Os recursos exprimem soluções de problemas. Se, durante a pesquisa, as abelhas encontrarem uma fonte melhor do que a atual, memorizam a nova fonte. Depois de todas as abelhas operárias terem terminado a pesquisa, a informação sobre a posição é partilhada com as abelhas batedoras. As abelhas batedoras avaliam a informação obtida pelas abelhas operárias e selecionam as fontes em função da quantidade de néctar. A melhor fonte escolhida representa a melhor solução para o problema. [1-4].

No algoritmo híbrido de polinização por cucos e flores desenvolvido, a modelação matemática foi efectuada imitando o comportamento natural da polinização por cucos e flores. As aves cuco põem os seus ovos nos ninhos de algumas aves [5-7]. Estes ovos são deixados crescer pela ave hospedeira. Depois de se tornarem aves adultas, migram para outro local de vida. As aves migratórias começam a reproduzir-se novamente. De igual modo, põem os seus ovos nos ninhos de outras aves. A partir destes ovos, as aves bebés crescem e crescem. As aves em crescimento são selecionadas no melhor grupo. Este grupo é escolhido como o novo espaço de vida. A nova população de cucos migra para essa zona [8]. Se, no final do algoritmo, o resultado desejado não tiver ocorrido, repete-se o processo. Se obtivermos os resultados desejados, o algoritmo é interrompido e os resultados são registados. O objetivo da polinização das flores é proporcionar uma viabilidade óptima e uma fase de reprodução biológica óptima. A polinização e outros factores interagem da melhor forma para a propagação das plantas. Existem duas formas importantes de polinização, a biótica e a abiótica. Enquanto 90% das plantas com flor efectuam a polinização biótica, a reprodução abiótica é de 10%. Enquanto os polinizadores, como as moscas e os insectos, transportam o pólen na forma biótica, nenhum polinizador está disponível na forma abiótica. Os processos globais de polinização são realizados biologicamente, e os polinizadores transportam o pólen de acordo com os voos de Lëvy. A polinização abiótica e a autopolinização são consideradas polinização local. Tal como os insectos, os polinizadores podem aumentar a probabilidade de proliferação, que é proporcional à semelhança entre as duas flores. Uma das principais possibilidades de polinização local e global pode ser controlada por p G [0, 1] [9]. Tal como nas flores, o modelo de polinização biótica para determinar os pontos de solução a longas distâncias e o modelo de polinização abiótica dos pontos de solução para investigar a vizinhança do algoritmo é a lógica da otimização [10].

3. Deteção de Avarias por Algoritmo de Abelhas Melhorado em Transformadores de Potência

Atualmente, foram desenvolvidos muitos métodos e dispositivos para o funcionamento saudável do transformador. Um pequeno problema que seja ignorado pode provocar um mau funcionamento grave. A deteção precoce do problema no transformador atrasa o processo de desenvolvimento do problema. Todos os componentes do transformador têm de ser examinados na medida em que a avaria o exija. A análise da avaria é bastante complexa e abrangente. Na fase de revisão, a falha inclui muitos detalhes, permitindo uma definição definitiva da falha. É necessário reunir uma análise muito abrangente do conteúdo de um defeito para examinar e analisar todos os pormenores.

O comportamento de agrupamento dos bandos de aves e os seus padrões de voo, o comportamento de procura de alimento das formigas, a natação e o agrupamento dos bandos de peixes, a comunicação das abelhas com as danças. Estes modelos de comportamento de manada foram investigados. Inteligência de rebanho; abelhas, formigas, pássaros, térmitas, bandos de peixes, como a interação de animais sob a forma de comunidades que examinam o resultado e como resultado de uma técnica de inteligência artificial que visa encontrar soluções para problemas. Comportamentos inteligentes baseados no surgimento da inteligência de rebanho, ou seja, as formigas fornecem informações às outras formigas deixando substâncias químicas nos caminhos por onde passaram. Os pássaros e os peixes deslocam-se em bando e ajustam a sua posição e velocidade em relação uns aos outros. Estes estudos conduziram ao desenvolvimento de abordagens que adaptam o comportamento das manadas a sistemas e modelos.

Neste estudo, a análise de avarias em transformadores de potência foi efectuada através de um algoritmo de abelhas artificiais. Desta forma, as avarias no transformador de potência são conhecidas num curto espaço de tempo e permitem uma intervenção imediata. As avarias são prevenidas e as explosões do transformador são evitadas. As áreas de aplicação do algoritmo de abelhas para a análise de erros em transformadores são: núcleo, enrolamento, isolamento, tanque, casquilhos, conservador e respirador, derivação e mudança de derivação, relé Buchholz, ventilação de explosão e áreas de aplicação do algoritmo de abelhas para a análise de erros no óleo de refrigeração [11-18]. As condições gerais de avarias do transformador de potência são apresentadas na Figura 1. No caso de uma avaria do transformador, a operação começa com a suspeita do funcionamento dos relés de proteção ou do desempenho do transformador [19-25]. É absolutamente necessário recolher cuidadosamente os resultados explicativos e transmiti-los ao pessoal que vai efetuar a avaliação da avaria. Em caso de defeito, as equipas devem estar tão coordenadas quanto possível e a troca de informações deve ser transparente. É evidente que, desde a gestão mais baixa até à gestão de topo na decisão certa para o diagnóstico da falha, a partilha da informação com a falha de uma forma saudável aumentará a precisão na análise da falha.

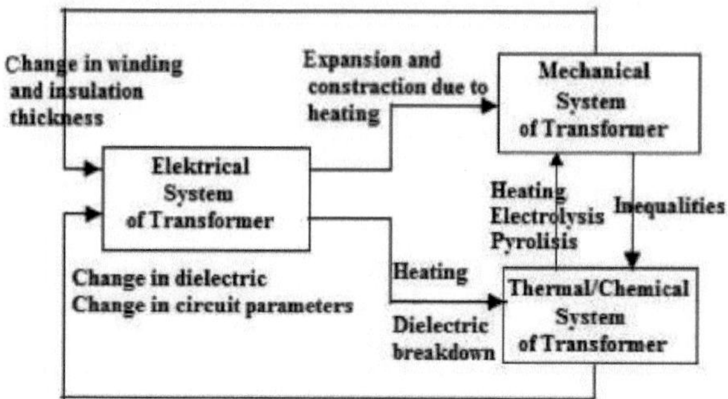

Figura 1. Estado geral de avarias do transformador de potência

A análise de avarias é composta por quatro componentes principais: preparação, teste, exame e conclusão do relatório. Na fase de preparação, é necessário recolher rapidamente informações e documentos sobre a avaria. As conclusões da falha são obtidas através de estudos de teste. Os exames consistem em três etapas. Estas são completadas por uma inspeção externa, uma inspeção interna e, finalmente, a remoção do transformador do seu depósito, se necessário, por abertura. Quando são recolhidos dados suficientes para avaliar a avaria e de acordo com os resultados dos ensaios, são identificados os engenheiros de origem da avaria e determinados os factores que estão na origem da avaria. Devem ser recolhidos registos históricos e informações sobre o transformador a examinar. A informação sobre a aplicação e o funcionamento é obtida através da deslocação à zona do defeito. Todo o pessoal que tenha testemunhado a ocorrência da falha ou do problema é consultado. O transformador é examinado e, se necessário, pode ser instalado parcial ou totalmente [26]. São analisados os registos e relatórios das informações obtidas e o histórico do transformador. Partilha-se com o pessoal capaz de elaborar relatórios preliminares e contribuir. Os relatórios são revistos. Com o controlo, se necessário, eliminam-se informações adicionais ou alterações ao relatório. O relatório final deve ser preparado. A recolha de todas as informações relacionadas com a falha é muito importante para a resolução da falha. Decide-se qual o método a aplicar face ao evento encontrado no estado de defeito ou no transformador. Na prática, o isolamento do transformador é efectuado em primeiro lugar [27]. O transformador é verificado de acordo com os resultados dos últimos ensaios a partir da primeira operação. Após a energização do transformador, é necessário registar os sinais pertencentes ao relé que opera pelo equipamento de proteção. Desta forma, ajuda a avaliar as falhas na empresa através da recolha de informação nos transformadores de potência. Para a recolha da informação, os trabalhadores devem cooperar a todos os níveis. A pessoa presente ao investigador é informada sobre o transformador relacionado com a avaria de forma rápida e exacta [28]. Ao mesmo tempo, o fabricante também é informado sobre a avaria. O fabricante deve ser informado, em particular, de uma falha de transformador. Os testes de fábrica, os resultados do histórico do transformador, os projectos de transformadores e os dados fora dos dados normais que são considerados úteis para a iluminação do defeito são obtidos junto do fabricante. É aconselhável fornecer ao fabricante ou à equipa de reparação as informações a utilizar para a análise da avaria [29]. Assim, as coisas tornam-se rápidas. São tomadas decisões exactas para o diagnóstico. É importante obter e examinar o ficheiro do transformador defeituoso antes de se deslocar ao local da avaria. Com alguns resultados, a informação atual acelera a análise. No âmbito da preparação, devem ser obtidas as instruções de funcionamento do transformador, informações sobre o transformador, imagens do transformador, equipamento do transformador e fotografias da fábrica [30].

Devem estar presentes relatórios de ensaios de transformadores, relatórios de ensaios de fábrica, ensaios de campo, relatórios de ensaios de rotina, diagrama unifilar da subestação, projectos de proteção/secundária, relatórios de estudos anteriores ou de condições de falha, configurações de sistemas de proteção e medição, máquina fotográfica, fita métrica, vestuário de proteção, óculos de campo, óculos de segurança, gravador, lente, holofote, lanterna, íman, seringa de garrafa de amostra de óleo e medidor de oxigénio.

Casos de inspeção geral de transformadores;

F1:Estado de funcionamento do para-raios

F2:Estado físico do para-raios

F3:Estado elétrico do para-raios

F4:Estado da ligação do para-raios

F5: Qualquer sinal de um relâmpago

F6:Relâmpago para a zona do estado do transformador

F7:Sons inesperados, estado das situações

F8:Detritos no transformador ou estado do acessório

F9:Vermelhidão, estado do trajeto de salto

F10:Estado das radiações

F11:Estado do sistema de água do transformador

F12: Informações sobre a testemunha

F13:Sobrecarga do transformador em caso de avaria

F14:Recolha de informações sobre acontecimentos no sistema

F15:Estado de funcionamento dos ventiladores e bombas

F16:As válvulas do radiador estão abertas

F17:Resíduos ou corrosão no sistema de arrefecimento
F18:Insuflável no caldeirão, lança, saliente
F19:Estado das fissuras no reservatório
F20:Estado das fugas no reservatório
F21:Vestígio de sobreaquecimento
F22:Estado do nível de óleo na estufa
F23:Estado da junta, do casquilho e da tampa
F24:Estado da pressão do gás
F25:Negligência no painel de controlo
F26:Estado das fugas
F27:Estado da fratura da porcelana
F28:Furos nas fitas
F29:Ter uma pista de saltos
F30:Estado do nível do óleo
F31:Posição do comutador de derivação
F32:Posição máxima de mudança de tap
F33:Posição mínima de mudança de tap
F34:Posição do comutador de derivação do descarregador
F35:Nível de óleo do comutador de derivação
F36:Registo do contador de mudança de tapes
F37:Estado do funcionamento diferencial
F38:Estado de funcionamento do relé de sobreintensidade
F39:Estado de funcionamento do relé de sobrecarga
F40:Estado de funcionamento do relé de falha de terra
F41:Estado de funcionamento do relé de terra direcional
F42:Estado de funcionamento do relé de aviso excessivo
F43:Indicadores de medição funcionam
F44:Estado de funcionamento do relé de pressão
F45:Estado da temperatura do líquido ou do óleo
F46:Traço do enrolamento ou do ponto quente
F47:Estado do nível de óleo no depósito principal
F48:Estado do nível de óleo no comutador de derivação
F49:Estado do nível do óleo na estufa
F50:Estado do relé de deteção de gás
F51:Estado do relé de movimento do óleo
F52:Estado dos sinais dos anunciadores
F53:Situação do seguro
F54:Estado dos registos de avarias
F55:Estado dos registos do oscilógrafo
F56:Estado da resistência do enrolamento
F57:Estado da resistência do enrolamento à terra
F58:Estado de todas as resistências de terra do enrolamento
F59:Estado do índice de polarização
F60:Estado do nível total de gás combustível

A fim de determinar o isolamento principal e o ponto de dano, são efectuados testes de enrolamento, enrolamento-terra e todos os enrolamentos-terra. O índice de polarização é verificado para o isolamento principal. O isolamento auxiliar e o ponto de dano são determinados a partir do rácio do enrolamento e do ensaio de resistência CC do enrolamento

[31]. O isolamento principal é controlado a partir do ensaio do fator de potência. Apenas o ponto de dano é determinado a partir do ensaio de rigidez dieléctrica do óleo. O isolamento auxiliar é determinado pelo ensaio de deteção de danos mecânicos e de localização de danos [32]. Os danos mecânicos, a deteção de danos, o controlo do isolamento auxiliar, o impulso de baixa tensão, a impedância e a análise da resposta em frequência são determinados a partir do ensaio. Apenas o controlo do isolamento auxiliar é efectuado a partir do ensaio de tensão de indução. O objetivo dos ensaios de índice de polarização é determinar se o equipamento é resistente à tensão normal ou à sobretensão. O índice de polarização é a medida da resistência de mega ohm medida no final de 10 min. Quando o índice de polarização é inferior a 1, a condição de isolamento é perigosa. É fraco entre 1 e 1,1. É duvidoso entre 1,1 e 1,25. É bom entre 1,25 e 2. É muito boa quando é superior a 2. Quando o nível de Gás Combustível Total está entre 0 e 500 ppm, não há problema no funcionamento do transformador, a não ser que um gás guia ultrapasse o valor limite normal [33]. Registou-se alguma deterioração do isolamento do transformador no intervalo 500-1500. Devem ser tomadas as precauções necessárias contra a possibilidade de uma falha. No intervalo 1500-2500, o isolamento do transformador foi danificado. Poderá existir uma avaria no transformador. Se a situação for grave, devem ser tomadas imediatamente as medidas necessárias. Inflamável total quando o nível de gás excede 2500 ppm, pode ter ocorrido uma deterioração significativa do isolamento do transformador. As causas da produção de gás e da produção de gás são investigadas. As acções adequadas são tomadas através da adoção das medidas necessárias [34]. De acordo com a necessidade de definir a falha do transformador, existem algumas limitações para a solução óptima. No caso inicial, foram efectuadas algumas pré-definições para poupar tempo e reduzir o espaço de pesquisa.

Os passos básicos do Algoritmo de Abelhas para encontrar e analisar os defeitos do transformador são os seguintes

Passo 1: O problema do transformador é atribuído ao problema para resolver o problema.

Passo 2: O problema do transformador é atribuído à classe definida.

Passo 3: Os problemas do transformador são atribuídos à sua classe de acordo com o tipo de problema.

Passo 4: Não devem ser atribuídos métodos de análise diferentes ao mesmo período de tempo.

Passo 5: Não se deve atribuir o mesmo prazo a problemas diferentes.

Passo 6: Se o problema for resolvido por soluções específicas, o problema deve ser atribuído a soluções comuns.

Os parâmetros básicos do algoritmo da abelha são apresentados na Tabela 1

Tabela 1. Parâmetros do algoritmo Bee

Parâmetros do algoritmo de abelhas	Explicação
n	Número de soluções
f	Número de zonas erradas selecionadas de problemáticas
b	Selecionado 'f é o melhor número de zonas na região errada
nbp	Número de soluções aplicadas à melhor solução b zona região defeituosa
nrp	Número restante de soluções (f-b)
nss	Tamanho da pesquisa da solução vizinha
itn	Critério de paragem (número de iterações)

O espaço de pesquisa de soluções 'n' é apresentado na Figura 2. O Algoritmo da Abelha Criada para encontrar e analisar os erros do transformador é apresentado na Figura 3.

No estudo, foi desenvolvido um software que permite identificar as unidades de transformação e as possíveis falhas do transformador. O diagrama de fluxo do programa é apresentado na Figura 4. O hardware do programa de análise de falhas é apresentado na Figura 5. A interface do programa de análise de falhas em transformadores é mostrada na Figura 6.

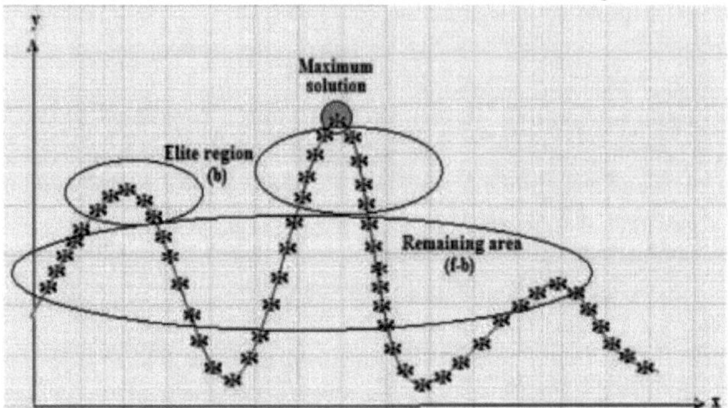

Figura 2. Espaço de investigação da solução 'n'

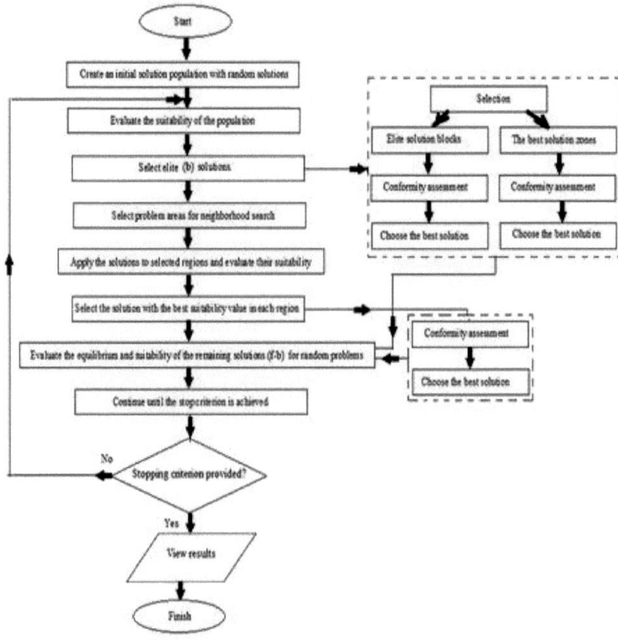

Figura 3. O algoritmo da abelha criada para encontrar e analisar as falhas do transformador

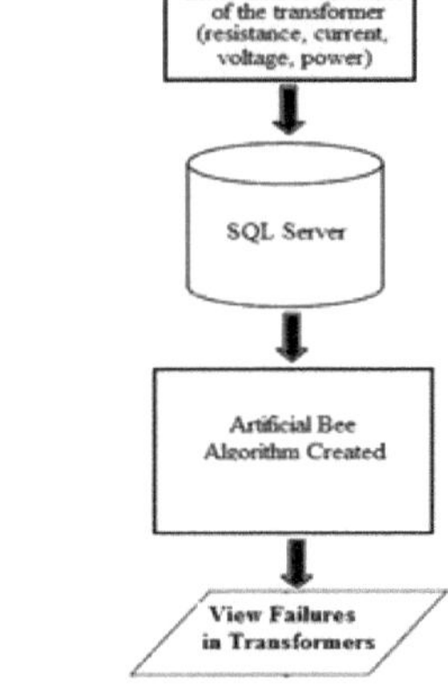

Figura 4. O programa de análise de falhas

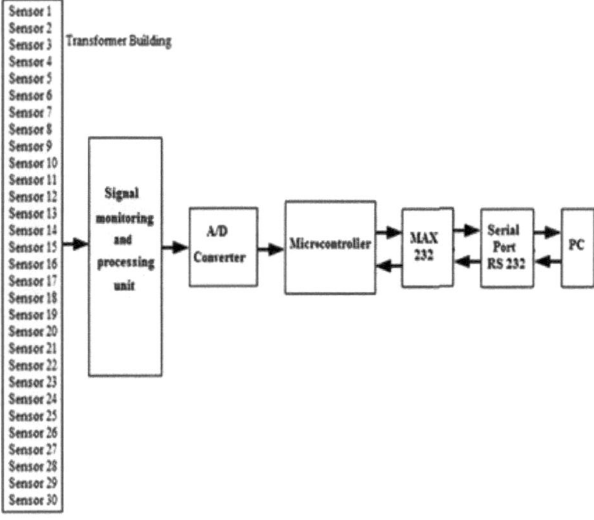

Figura 5. Hardware do programa de análise de falhas

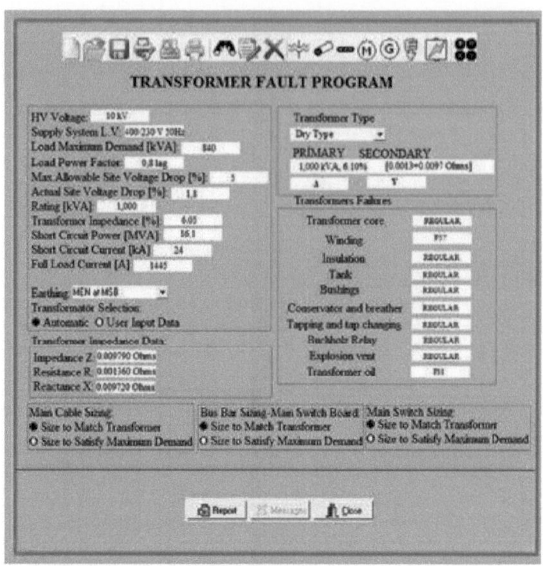

Figura 6. A interface do programa de análise de falhas

O painel de deteção de avarias de transformadores de potência criado é apresentado na figura 7.

Figura 7. Painel de deteção de avarias em transformadores de potência criados

Os valores medidos e os valores obtidos a partir do algoritmo da corrente do enrolamento são apresentados em
Figura 8.

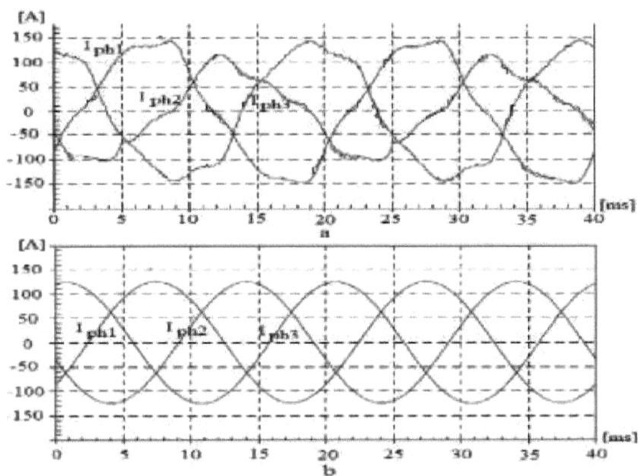

Figura 8. Valores medidos e valores obtidos a partir do algoritmo da corrente do enrolamento

Os valores medidos e os valores obtidos com o algoritmo no transformador de potência são apresentados em
Tabela 2.

Tabela 2. Valores medidos e valores obtidos com o algoritmo num transformador de potência

Parametro	Valores medidos	Valores do algoritmo
Corrente livre	1 %	0.95 %
Perdas de cobre	24 kW	22,8 kW
Perdas de ferro	3,8 kW	3,61 kW
Tensão de curto-circuito	6 %	5.70 %
Queda de tensão a plena carga (Cos0=0,8)	4.41 %	3.96 %
Eficiência a plena carga (Cos0=O,8)	98.62 %	93.68 %

Os erros percentuais do programa de análise de falhas são apresentados na Figura 9. Percebe-se que o erro nos dados óptimos obtidos com o algoritmo desenvolvido está entre ±1% e ±5% e os resultados são alcançados mais rapidamente. A mudança de iteração do algoritmo da abelha criada e de outros algoritmos é apresentada na Figura 10.

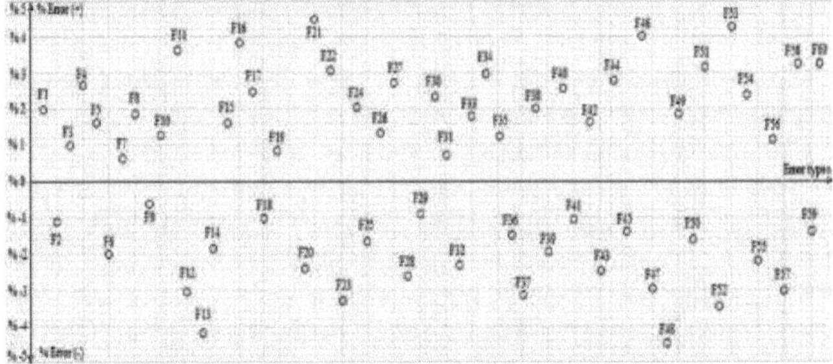

Figura 9. Erro percentual do programa de análise de falhas

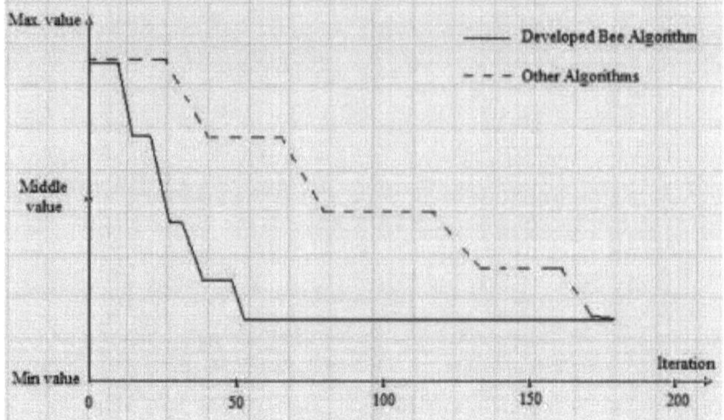

Figura 10. Mudança de iteração do algoritmo da abelha criada e de outro algoritmo

A 53ª iteração no algoritmo de abelhas desenvolvido atingiu a conclusão. Nos outros algoritmos (algoritmos determinísticos e estocásticos), o resultado foi alcançado na 170ª iteração. Assim, quando comparado com o algoritmo da abelha artificial e outros algoritmos, o algoritmo melhorado é capaz de efetuar uma melhor pesquisa. A crescente necessidade de energia aumenta a importância do fornecimento ininterrupto de eletricidade. Neste caso, a nossa tarefa é diagnosticar as falhas no sistema de energia que podem causar interrupções até que o consumidor final chegue ao ponto onde a eletricidade é gerada. Mesmo assim, é necessário ser capaz de diagnosticar a falha antecipadamente e fazer esses diagnósticos sem qualquer falha de energia. O método heurístico foi desenvolvido para identificar falhas em transformadores de potência. Assim, procurou-se alcançar o melhor resultado possível. É criado um algoritmo que identifica automaticamente as avarias nos transformadores de potência. Este algoritmo baseado na inteligência de rebanho é utilizado para descrever as avarias dos transformadores com base no comportamento das abelhas que se deslocam em rebanho para encontrar alimento. Após a execução e conclusão do algoritmo, a falha do transformador é automaticamente apresentada. O software foi desenvolvido em linguagem de programação C++ utilizando o algoritmo Artificial Bee Colony. Foi criado um equipamento eletrónico para transferir dados de 30 sensores ligados a diferentes unidades do transformador para o computador. Foi concebida uma placa de interface utilizando o microcontrolador para comunicar com o computador através dos sensores, do microcontrolador e da porta série do sistema concebido. O programa desta placa é escrito em PICC. Os valores de tensão obtidos dos sensores através da porta série são visualizados no ecrã do programa criado no ecrã do computador. Para o ambiente onde as informações são armazenadas, foi criado um programa de identificação de defeitos do transformador utilizando a base de dados Microsoft SQL Server 2017. Além do circuito eletrónico concebido para comunicar com o computador, foi escrito um programa de interface na linguagem de programação Visual Basic. Microcontrolador e transferência de dados integrados via porta série. Foram comparados os dados obtidos com o algoritmo desenvolvido e os resultados experimentais obtidos com o transformador avariado. Percebe-se que o erro nos dados obtidos a partir do algoritmo desenvolvido está entre ± 1% e 5% e os resultados são alcançados mais rapidamente. As falhas no transformador de potência são definidas num curto espaço de tempo.

4. Otimização da eficiência do transformador de potência utilizando o algoritmo híbrido desenvolvido do cuco e da polinização de flores

Neste estudo, foram desenvolvidos os algoritmos Hybrid Cuckoo (CA) e Flower Pollination

(FPA) para encontrar o ponto de trabalho em que a eficiência do transformador é a melhor, de acordo com as diferentes condições de carga dos transformadores de potência. Foram comparados os resultados obtidos a partir das experiências com transformadores de diferentes potências e estruturas nos postos de transformação do distrito de Erdemli, na província de Mersin, e os resultados obtidos a partir dos algoritmos desenvolvidos. A exatidão dos resultados obtidos com o algoritmo Hybrid Cuckoo (CA) e Flower Pollination (FPA) desenvolvido para a otimização da eficiência do transformador de potência foi considerada adequada. Foi desenvolvido um método alternativo para a otimização da eficiência do transformador utilizando este algoritmo híbrido.

O algoritmo híbrido desenvolvido para a otimização da eficiência do transformador de potência é apresentado na Figura 11.

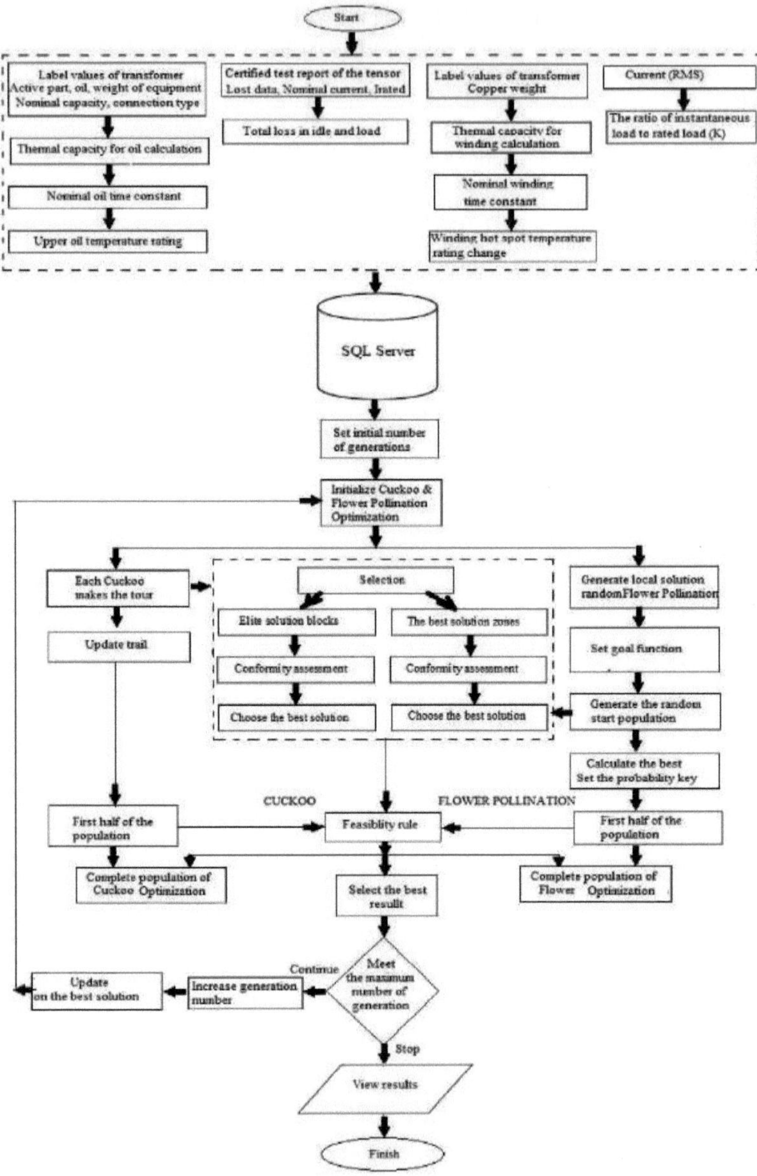

Figura 11. Algoritmo híbrido desenvolvido

A produção de eletricidade é feita em três fases a tensões de 13,2 kV ou superiores. A transmissão de energia é efectuada a altas tensões de 110, 132, 275, 400 e 750 kV. Por conseguinte, são necessários transformadores que aumentam a tensão para fornecer a tensão gerada à linha de transmissão. Estas tensões de transmissão são reduzidas para tensões de distribuição de 6600, 4600 e 2300 volts e depois para tensões de funcionamento de 440, 220 ou 120 volts. Os transformadores ocupam um lugar importante nas fases de produção, transmissão, distribuição e consumo de energia eléctrica [35]. A eficiência é um parâmetro importante para todas as máquinas eléctricas. Espera-se que a eficiência dos transformadores seja tão elevada quanto a sua eficiência [36]. Os algoritmos heurísticos são algoritmos capazes de fornecer soluções próximas do ótimo em tempo aceitável para problemas de otimização em grande escala. Os métodos de otimização intuitivos foram desenvolvidos para encontrar o melhor resultado, ótimo, em determinadas condições. A eficiência do transformador deve ser tão elevada quanto possível em vários casos de carga. Neste estudo, foi desenvolvido um algoritmo híbrido de cuco (CA) e polinização floral (FPA) para encontrar o ponto de trabalho em que os diferentes tipos de transformadores têm a máxima eficiência em comparação com diferentes condições de carga. Com este algoritmo híbrido desenvolvido, a eficiência do transformador de potência é optimizada. Os resultados obtidos a partir de estudos experimentais foram comparados com os resultados obtidos a partir do método de otimização híbrido. Parte da potência fornecida ao transformador é consumida por perdas no ferro e no cobre. Ou seja, nem toda a potência fornecida ao transformador pode ser retirada do secundário. A relação entre a potência retirada do transformador e a potência fornecida é designada por rendimento. Existe um rendimento direto e indireto no transformador. No método direto, o amperímetro, o voltímetro e o wattímetro são ligados ao primário e ao secundário do transformador. O transformador é carregado gradualmente desde o estado sem carga até ao estado com carga total. Assim, a potência fornecida ao transformador em várias correntes de carga e a potência é medida com a ajuda de um wattímetro. Encontra-se a relação entre a potência recebida e a potência fornecida e o rendimento. A perda de ferro do transformador pelo método indireto é medida a partir do ensaio em branco e as perdas de cobre a partir do ensaio de curto-circuito. Quando estas perdas são adicionadas à potência de saída, obtém-se a potência de entrada. Assim, obtém-se o rendimento do transformador. À medida que a potência do transformador aumenta, a sua eficiência aumenta. A maior eficiência em transformadores de potência é observada quando as perdas no cobre são iguais às perdas no ferro [37, 38, 39, 40]. Existem duas variáveis que compõem a perda total nos transformadores. A primeira são as perdas no ferro que constituem o núcleo de ferro. A segunda são as perdas no cobre dos enrolamentos. Por isso, quanto menos os dois factores afectarem a eficiência, mais as perdas totais serão reduzidas. A primeira das nossas variáveis é a secção transversal do ferro.

Este valor afecta as dimensões do transformador. O núcleo do transformador é fino e comprido em valores pequenos do fator de conformidade da secção transversal do ferro. O núcleo de ferro permanece espesso e plano nos valores elevados do fator de conformidade da secção transversal do ferro. O fator de conformidade da secção transversal do ferro refere-se à quantidade de energia que flui através da área unitária do núcleo de ferro. Quanto maior for a eficiência deste fator, maior será a eficiência do fluxo de energia. A eficiência deste fator será baixa, uma vez que haverá pouca transição de energia. As secções transversais dos condutores primário e secundário são obtidas a partir das densidades de corrente e as perdas de corrente no cobre são calculadas. Quando o fator de potência aumenta, a eficiência do transformador aumenta. Enquanto a carga estiver num ponto ótimo, entende-se que o rendimento é máximo. As perdas no ferro e no cobre devem ser iguais entre si para garantir o máximo rendimento. Se a perda de cobre, que é variável, for igual à perda de ferro constante a uma determinada taxa de carga, o rendimento será máximo a essa carga [41-45].

O algoritmo continua até que os parâmetros de eficiência máxima do transformador de potência sejam obtidos. O algoritmo pára quando o estado desejado é atingido. O algoritmo tem dois ramos paralelos. O primeiro braço é a otimização da polinização das flores. O segundo braço é a otimização cuco. No primeiro braço, a função objetivo é determinada. É gerada uma população inicial aleatória. A melhor solução é calculada para a população inicial. Determina-se a chave de probabilidade de repetição. O primeiro braço é criado no segundo braço. A cada ave é atribuído um número aleatório de ovos. O raio máximo de desova é determinado para cada ave. Especificar o raio de postura dos ovos no espaço é libertado. Os ovos reconhecidos pelas aves hospedeiras são destruídos. As galinhas podem eclodir e crescer. O habitat de cada ave em crescimento é avaliado. O número de aves que podem viver na área é limitado. As zonas indesejadas são destruídas. O melhor grupo de aves é identificado e o habitat alvo é selecionado. A nova população de cucos migra para o habitat de destino. A otimização é interrompida se a condição requerida for cumprida. Se não for, as iterações continuam desde o início. No algoritmo, dois braços paralelos são combinados a seguir para encontrar a melhor solução [41-45]. Neste estudo, a otimização da eficiência em diferentes condições de carga para transformadores de potência foi realizada com o algoritmo híbrido de cuco e polinização de flores desenvolvido.

Os resultados obtidos com o algoritmo híbrido de polinização por cuco e flor desenvolvido e os resultados obtidos a partir dos dados experimentais foram comparados. Verifica-se que os resultados são semelhantes com um erro de ± 3%. Isto mostra que o algoritmo híbrido de cuco e polinização de flores desenvolvido é um método alternativo e alternativo para a otimização do rendimento. A vantagem deste método para os projectistas é a obtenção de resultados rápidos sem ter de lidar com combinações próximas que são possíveis para alcançar a solução óptima. medida que a taxa de carregamento aumentou, registou-se um aumento do rendimento, mas este aumento não se alterou a partir de um determinado ponto.

Foram estudados os comportamentos de abelhas, formigas, cucos e pirilampos artificiais. O Algoritmo Híbrido Formiga / Pirilampo e o Algoritmo Híbrido Cuco / Polinização de Flores foram desenvolvidos para obter uma solução mais rápida e precisa. Utilizando estes algoritmos híbridos, foram criadas interfaces na linguagem de programação C++. Através do programa de computador, foram determinados os erros nos enrolamentos do transformador. Um programa de computador que determina falhas em transformadores de potência foi criado em linguagem de programação C++ usando o algoritmo de abelha desenvolvido. A eficiência do transformador de potência é optimizada utilizando o algoritmo híbrido cuco/polinização de flores criado. Como se pode depreender dos dados obtidos, o erro situa-se entre ± 1% e 5%. As falhas no transformador de potência são definidas num curto espaço de tempo. A otimização da eficiência em diferentes condições de carga para transformadores de potência foi realizada com o algoritmo híbrido de cuco e polinização de flores desenvolvido. Isto mostra que o algoritmo híbrido de cuco e polinização de flores desenvolvido é um método alternativo para a otimização do rendimento. A vantagem deste método para os projectistas é a obtenção de resultados rápidos sem ter de lidar com combinações muito próximas que são possíveis para alcançar a solução óptima.

CAPÍTULO 5

CONTROLO FUZZY DE DISJUNTORES EM CENTROS DE TRANSFORMAÇÃO DE ERDEMLI

1. INTRODUÇÃO

Os cortes de transformadores resultantes de avarias por manobras automáticas devem ser reflectidos no sistema o mais rapidamente possível. As perturbações resultantes de interrupções e perdas devem ser minimizadas. Neste estudo, foi apresentado o Controlo Lógico Fuzzy de Cortadores em Centros de Transformação. Uma vez que os parâmetros energéticos da linha de distribuição de eletricidade controlada foram monitorizados continuamente, o consumo de energia foi controlado. As condições de falha de todos os elementos da subestação são imediatamente determinadas e é possível uma intervenção imediata. Os erros humanos foram minimizados pelo controlo dos disjuntores na subestação com lógica fuzzy.

Com o avanço da tecnologia, os problemas mais comuns de qualidade de energia estão a tornar-se mais importantes. As alterações de curto ou longo prazo na tensão de alimentação resultam em enormes perdas financeiras para os industriais que pretendem aumentar continuamente a sua produção (Martin, 1996). Para o industrial, a qualidade da energia é uma questão importante em termos de funcionamento contínuo do processo e para não danificar os dispositivos. As harmónicas nos centros de transformação atingem um nível que desactiva os aparelhos sensíveis ou provoca o seu mau funcionamento. Para os utilizadores industriais, é importante minimizar estes riscos e as perdas causadas pelos riscos e manter o consumo de energia no nível ótimo. Estes eventos devem ser repetidos com frequência e a qualidade da energia deve ser melhorada. O maior benefício para o consumidor é o sistema de distribuição de eletricidade sob controlo e monitorizado; a utilização mais eficiente e eficaz da energia existente é a eliminação dos riscos em termos de segurança da vida e da propriedade (Runde, 1996). Em todas as instalações eléctricas onde a energia eléctrica é produzida, transmitida, distribuída e consumida, o sistema de distribuição e transmissão é controlado e os parâmetros de energia são monitorizados e o sistema é monitorizado. Através deste estudo, as manobras automáticas e a interrupção dos disjuntores na subestação com lógica fuzzy foram reflectidas no sistema o mais rapidamente possível.

2. DISJUNTORES EM CENTROS DE TRANSFORMAÇÃO

Os disjuntores são uma parte absolutamente essencial de qualquer sistema elétrico. Utilizados em conjunto com uma ligação à terra adequada, podem proteger contra eletrocussão. Os disjuntores também protegem os aparelhos, a cablagem e a propriedade contra o risco de incêndio e outros danos resultantes de um fluxo anormal de corrente, curto-circuito, sobrecarga e acumulação de calor. Os disjuntores em centros de transformação são apresentados na Figura 1.

Figura 1. Disjuntores em centros de transformação

Existem muitos tipos de modelos de disjuntores e podem ser classificados com base na tensão (alta, média e baixa) ou noutras caraterísticas, como o meio de extinção do arco e o mecanismo de funcionamento. Os relés de proteção contra curto-circuitos do enrolamento são utilizados para alternadores e transformadores de grande potência. Um defeito de isolamento é utilizado para evitar os curtos-circuitos entre os enrolamentos de fase dos alternadores ou os curtos-circuitos entre os seus enrolamentos de uma fase. Em caso de falha de um enrolamento ou de um curto-circuito num enrolamento, o relé é ativado porque o vetor é nulo. O relé abre o disjuntor. O relé de proteção contra curto-circuitos de enrolamento é utilizado para proteger a instalação contra os curtos-circuitos entre os enrolamentos de fase dos grandes transformadores de potência e dos alternadores ou os curtos-circuitos entre os enrolamentos próprios de uma fase. Quando não há defeito de curto-circuito do enrolamento, a soma vetorial das tensões é nula nas bobinas secundárias ligadas no relé wattmétrico, não há tensão. Quando ocorre o curto-circuito do enrolamento, este equilíbrio é perturbado e a posição dos contactos é alterada puxando a palete. No caso de falhas de curto-circuito que ocorrem nas linhas de transmissão de energia que formam a rede interligada, o relé de proteção é o relé de distância que detecta e desactiva a parte defeituosa. Um relé de proteção contra curtos-circuitos é utilizado em grandes transformadores de potência para evitar curtos-circuitos entre os enrolamentos das fases dos transformadores ou os enrolamentos de uma fase devido a um defeito de isolamento. O ponto de ligação em estrela e neutro dos alternadores e transformadores é o relé de proteção contra fugas fase-terra que é utilizado para proteger o transformador de potência num defeito fase-terra que ocorra no circuito alimentado pelo enrolamento secundário que está ligado à terra. O transformador é utilizado para proteger a linha contra o curto-circuito do alimentador-terra e para proteger o chapéu de saída do transformador contra o curto-circuito da terra. Nos grandes transformadores de potência, o relé de proteção contra fugas fase-terra é utilizado para proteger o sistema durante as fugas fase-terra entre os enrolamentos de fase e a terra.

3. CONCEITO DE LÓGICA DIFUSA

A lógica difusa baseia-se num conjunto e subconjunto difusos. Numa abordagem clássica, uma entidade é ou não membro da cooperativa. Quando expresso matematicamente, "1" é o valor quando o elemento é membro do conglomerado e "0" quando o elemento não é membro do conglomerado. A lógica difusa é a extensão da representação clássica de conglomerados. Cada entidade do conjunto de entidades difusas tem um nível de associação. Contrariamente aos aglomerados clássicos, os graus de filiação dos aglomerados difusos podem variar num número infinito de intervalos (0,1). Trata-se de um conjunto de graus de pertença que são contínuos e ininterruptos. As variáveis binárias, tais como frio-quente, rápido-lento, claro-escuro em clusters nítidos, são comparadas ao mundo real, sendo suavizadas por qualificadores flexíveis, tais como um pouco frio, um pouco quente, um pouco escuro na lógica difusa. Uma vez definidas as variáveis difusas, são-lhes atribuídas funções de filiação. Existem algumas regras que são utilizadas na definição de grupos difusos. Em princípio, o número de conjuntos difusos atribuídos a cada variável é normalmente um único número. Isto proporciona a presença de um ponto central para evitar a oscilação numérica entre valores adjacentes. Em segundo lugar, o número de conjuntos difusos situa-se normalmente entre 3 e 9. Para descrever relações causais, temos de ser capazes de distinguir um subconjunto do outro através da utilização de variáveis linguísticas. Quanto maior for o número de subconjuntos, mais difícil se torna. É fácil distinguir entre valores curtos, médios e longos das variáveis. Mas com uma grande quantidade de dados, esta situação torna-se mais difícil. As descrições linguísticas das subclasses podem ser interpretadas. Ao mesmo tempo, cada conjunto fuzzy deve somar os conjuntos compostos. Esta sobreposição fornece uma área de controlo contínua para o controlador fuzzy. Uma vez definidos os conjuntos difusos e atribuídas as suas funções de filiação, as regras devem ser escritas para cada combinação da variável de controlo. Estas regras relacionarão as variáveis de entrada com as variáveis de saída utilizando expressões "se-então" na tomada de decisões. A condição "Se" é um prelúdio para o resultado de cada regra. Em geral, cada regra é apresentada no estilo "Se" (prefixo) e "Então" (resultado).

4. CONTROLO DE DISJUNTORES DE TRANSFORMADORES POR LÓGICA DIFUSA

O sistema difuso para o controlo de disjuntores é apresentado na Figura 2.

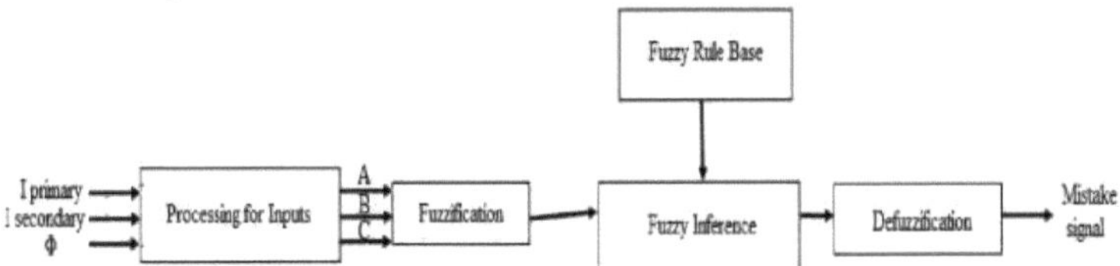

Figura 2. Sistema Fuzzy para controlo de disjuntores

O Sistema de Controlo Fuzzy foi concebido para monitorizar a informação de defeito do transformador, para ver a localização do disjuntor e a razão para a abertura do disjuntor aberto em várias condições de defeito. As abreviaturas e explicações das expressões fuzzy são apresentadas na Tabela 1.

Tabela 1. Abreviaturas e explicações das expressões fuzzy

Parâmetro difuso	Fuzzy Abreviatura	Variável difusa	Fuzzy Abreviatura
Sobretensão	OV	Curto	S
Sobre a corrente	OC	Muito curto	VS
Desequilíbrio de tensão	VI	Muito longo	VL
Desequilíbrio atual	IC	Longo	L
Temperatura	T	Normal	N

Sobretensão Média	OVM	Médio	M
Sobrecorrente baixa	OCL	Baixa	l
Temperatura elevada	TH	Elevado	H

A tabela de regras da lógica difusa é apresentada na Tabela 2. Devem ser conhecidos os valores instantâneos da corrente, os valores instantâneos da tensão, a informação de sobrecorrente, a informação de fuga à terra, as relações de transformação de corrente, as relações de transformação de tensão, a informação de potência ativa, a informação de potência reactiva, o fator de potência, o valor da corrente de defeito que abre o sistema, quando o sistema é ligado por avaria, e os diagramas oscilográficos das correntes de defeito que abrem o sistema. No sistema monitorizado a partir do computador no centro, o controlo remoto do disjuntor é também feito a partir do mesmo centro. Com o relé microprocessado de religamento MC20 R, o disjuntor aberto é fechado novamente para energizar a linha após o tempo ajustado para o sistema com o disjuntor aberto no centro.

Tabela 2. Tabela de regras da lógica difusa

OV	OC	T	VI	IC	OVL	Saída
OVl	OCI	Tl	X	X	X	VL
OVl	OCI	TM	X	X	X	VL
OVl	OCM	TH	X	X	X	N
OVl	OCH	TI	X	X	X	L
OVM	OCH	TH	X	X	X	VS
OVH	OCI	TI	X	X	X	L
OVl	OCM	X	X	X	X	L
OVl	X	TI	X	X	X	VL
X	OCI	TI	X	X	X	VL
OVl	X	X	X	X	X	L
X	OCM	X	X	X	X	N
X	X	X	VII	CII	OVI	VL
X	X	X	VII	CII	OVM	VL
X	X	X	VII	CII	OVH	L
X	X	X	VII	CIM	OVI	VL
X	X	X	VII	CIM	OVM	L
X	X	X	VII	CIM	OVH	N
X	X	X	VII	CIH	OVI	L
X	X	X	VIM	CIM	X	N
X	X	X	VII	X	OVI	VL
X	X	X	X	CII	OVI	VL
X	X	X	VII	X	X	L

Para reduzir a base de regras, são produzidos dois resultados diferentes através da divisão de 6 valores de entrada diferentes e o menor dos resultados produzidos é utilizado como resultado final. O software criado no programa Matlab é apresentado na Figura 3.

"Se OV é OVI e OC é OCI e T é П então Output é XL senão "Se OV é OVI e OC é OCI eTisTM então Output é VL senão "Se OV é OVI e OC é OCMe I é IH então Output é N senão "Se OV é WI e OC tsOCHe Tis П então a Saída éL senão "Se OV é OVXI e OC é OCH e T é IH então a Saída é VS senão "Se OV é OVH e OC é OC **I** e Tis II então a Saída éL senão "Se OV é OVI e OC é OCX!então a Saída éL senão "Se OV é OVI e T é II então a Saída é VL senão "Se OC é OCI e T é II então a Saída é VL senão "SeOV é OVI então a Saída é L senão "Se OC é OCX! então a Saída éN senão

"Se VI é VII e CI é CH e OVL é OVI, então a saída é VL senão "Se VI é VII e CI é CH e OVL é OVXI, então a saída é VL senão "Se VI é VII e CI é CH e OVL é OVH, então a saída é L senão "Se VI é VII e CI é ClXf e OVL é OVI, então a saída é VL senão "Se VI é VII e CI é CIXI e OVL é OVM então Output é L senão "Se VI é VII e CI é CIXIe OVL é OVH então Output é N senão "Se VI é VII e CI é CIH e OVL é OVI então Output é L senão "Se VI é VIXIe CI é CIXIentão Output éN senão

"Se VI é VII e OVL é OVI então a Saída é VL senão "Se CI é CП e OVL é OVI então a Saída é VL senão **"ffVI** é VH então a Saída é L

Figura 3. Software criado no programa Matlab

Este sistema foi concebido para proteger as subestações contra falhas e concebeu um sistema de controlo difuso que cortará a energia em caso de sobretensão, sobrecorrente, temperatura, desequilíbrio de tensão, desequilíbrio de corrente e baixa tensão. Tal como acontece com a maioria dos relés de proteção, se o sistema detetar um erro, aguarda um determinado período de tempo e a energia é cortada se o erro não for corrigido. O tempo de espera para desenergizar a subestação é crítico. Este tempo tem de ser determinado por peritos. Neste estudo, o tempo de espera para muitas combinações diferentes é produzido como turbidez. Devido à base de regras criada pelos peritos, o período de espera de acordo com o tipo e o grau de erro é calculado de forma flexível. Assim, o tempo de espera pode ser ajustado de forma óptima de acordo com o tipo e a condição do erro. Além disso, os resultados da simulação e os resultados do estudo experimental mostram a fiabilidade do sistema. O sistema clássico é de 3 segundos com paragem constante, independentemente da diferença de defeito. O tempo de paragem mais flexível situa-se entre 0 segundos e 4,5 segundos em função do tipo de erro que é efectuado. O software é desenvolvido para adaptar o sistema em função dos parâmetros do sistema central do transformador.

Ao controlar os disjuntores na subestação com lógica difusa, as manobras automáticas e as interrupções resultantes da falha são reflectidas no sistema o mais rapidamente possível. Desta forma, as perturbações e perdas resultantes da interrupção são minimizadas. Uma vez que os parâmetros energéticos da linha de distribuição de eletricidade controlada podem ser monitorizados continuamente, o consumo de energia é controlado. Como as condições de avaria de todos os equipamentos do sistema podem ser imediatamente monitorizadas a partir do sistema, a intervenção foi interrompida sem perda de tempo. O sistema de controlo de lógica difusa criado pelo erro humano, bem como um número muito reduzido de pessoal, foi mantido sob controlo.

CAPÍTULO 6

PROTECÇÃO DE TRANSFORMADORES DE POTÊNCIA UTILIZANDO SOFTWARE CRIADO COM LÓGICA DIFUSA

1. INTRODUÇÃO

Os transformadores de potência são um dos elementos mais caros e mais importantes do sistema elétrico. As avarias nos transformadores de potência resultam em cortes de energia significativos e, consequentemente, em danos materiais. Por isso, é importante proteger os transformadores de potência de várias condições de falha no sistema de energia e de avarias. Embora este processo seja assegurado por vários relés de proteção, os relés de proteção diferencial são geralmente utilizados. Neste estudo, os relés de proteção foram controlados por lógica difusa e foi assegurada a proteção dos transformadores de potência. O algoritmo do relé baseado em fuzzy é composto pela curva de derivação da corrente diferencial de fluxo, pela restrição de harmónicas e pelas curvas caraterísticas diferenciais percentuais. O algoritmo de relé baseado em fuzzy foi codificado no software Matlab. O software foi testado nos painéis de controlo dos transformadores de potência na subestação de Erdemli. Verificou-se que foi bem sucedido.

Como um dos elementos-chave da economia e do desenvolvimento social, a energia eléctrica tornou-se uma das fontes de energia indispensáveis nos dias de hoje. Esta fonte de energia tornou-se preferível porque é fácil utilizar a energia eléctrica, facilmente transformada noutras fontes de energia com elevada eficiência e não prejudica o ambiente durante o seu consumo. No entanto, a energia contínua, barata e fiável está constantemente a aumentar a procura deste recurso. Paralelamente ao desenvolvimento económico e social, o consumo de eletricidade está a aumentar. Tendo em conta os custos de instalação e operação para a produção, transmissão e distribuição de energia eléctrica, a proteção dos sistemas de energia ganha cada vez mais importância, de acordo com o princípio do fornecimento de energia fiável e contínua (Abu-Siada, 2012, Behjat, 2011). É muito importante para os consumidores ter um tempo de inatividade muito curto, quando a energia eléctrica nunca é cortada ou interrompida. É importante considerar os serviços que não podem ser produzidos devido à falta de energia, a perda de mão de obra e os custos de reparação do sistema. Pretende-se ser capaz de estimar as falhas antes que elas ocorram. Tanto os custos de reparação do hardware podem ser reduzidos como a interrupção da operação pode ser minimizada devido ao equipamento desativado. Considerando tudo isto, a necessidade de uma boa proteção dos sistemas de energia é claramente visível. Um sistema de proteção ideal deve ter as caraterísticas de fiabilidade, seletividade, rapidez, simplicidade e economia. Embora este processo seja assegurado por vários relés de proteção, os relés de proteção diferencial são geralmente utilizados. Neste estudo, os relés de proteção foram controlados por lógica difusa e é fornecida proteção aos transformadores de potência (Koochaki, 2008, Buckle, 1998).

2. RELÉ DIGITAL PARA TRANSFORMADOR DE POTÊNCIA

No caso dos transformadores de potência, é mantida a zona entre o relé de proteção diferencial e os transformadores de corrente primária e secundária do transformador de potência. Desta forma, os relés de proteção diferencial asseguram a proteção numa determinada zona antes dos limites. O relé não é ativado fora destas zonas. A proteção diferencial é uma proteção baseada no princípio de medição da corrente e no princípio de medição da corrente. A proteção diferencial dos transformadores de potência é apresentada na Figura 1.

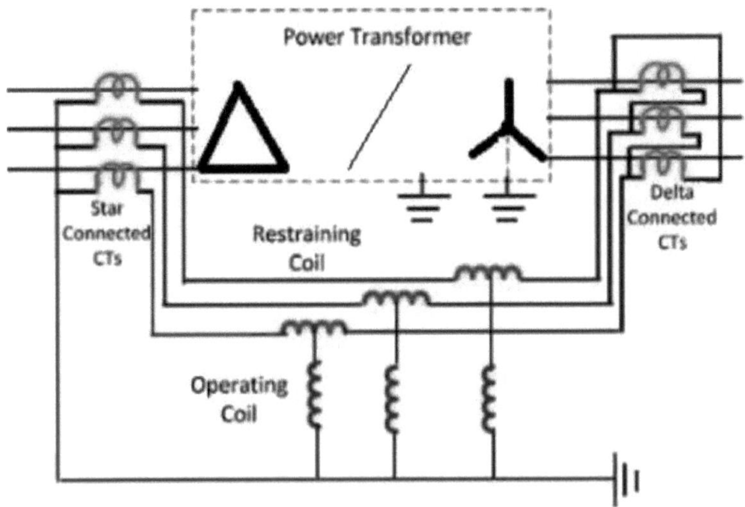

Figura 1. Proteção diferencial dos transformadores de potência

O relé de proteção diferencial compara os valores de corrente em ambos os lados do transformador de potência. Em condições normais de funcionamento, é desejável que a corrente que entra no relé saia da mesma forma do outro lado. Em outras palavras, os valores residuais de corrente que entram no relé devem ser iguais e a diferença entre eles é de 180 graus. Isto é conseguido por transformadores de corrente reais ou por transformadores de corrente auxiliares, conforme necessário. Em condições normais de operação, o mesmo valor de corrente deve passar por ambos os lados do transformador de potência. Esta corrente entra por um transformador de corrente e sai por outro transformador de corrente. Se as relações dos transformadores de corrente forem as mesmas, os enrolamentos secundários dos transformadores de corrente do transformador de potência são ligados para formar um circuito fechado (Lei, 2014, Ma, 2005).

3. CONCEITO DE LÓGICA DIFUSA

A lógica difusa baseia-se num conjunto e subconjunto difusos. Numa abordagem clássica, uma entidade é ou não é membro do grupo. Quando expresso matematicamente, "1" é o valor quando o elemento é membro do conglomerado e "0" quando o elemento não é membro do conglomerado. A lógica difusa é a extensão da representação clássica de conglomerados. Cada entidade do conjunto de entidades difusas tem um nível de associação. Contrariamente aos aglomerados clássicos, os graus de filiação dos aglomerados difusos podem variar num número infinito de intervalos (0,1). Trata-se de um conjunto de graus de pertença que são contínuos e ininterruptos. As variáveis binárias, tais como frio-quente, rápido-lento, claro-escuro em clusters nítidos, são comparadas ao mundo real, sendo suavizadas por qualificadores flexíveis, tais como um pouco frio, um pouco quente, um pouco escuro na lógica difusa. Uma vez definidas as variáveis difusas, são-lhes atribuídas funções de filiação. Existem algumas regras que são utilizadas na definição de grupos difusos. Em princípio, o número de conjuntos difusos atribuídos a cada variável é normalmente um único número. Isto proporciona a presença de um ponto central para evitar a oscilação numérica entre valores adjacentes. Em segundo lugar, o número de conjuntos difusos situa-se normalmente entre 3 e 9. Para descrever relações causais, temos de ser capazes de distinguir um subconjunto do outro através da utilização de variáveis linguísticas. Quanto maior for o número de subconjuntos, mais difícil se torna. É fácil distinguir entre valores curtos, médios e longos das variáveis. Mas com uma grande quantidade de dados, esta situação torna-se mais difícil. As descrições linguísticas das subclasses podem ser interpretadas. Ao mesmo tempo, cada conjunto fuzzy deve somar os conjuntos compostos. Esta sobreposição fornece uma área de controlo contínua para o controlador fuzzy. Uma vez definidos os conjuntos difusos e atribuídas as suas funções de filiação, as regras devem ser escritas para cada combinação da variável de controlo. Estas regras relacionarão as variáveis de entrada com as variáveis de saída utilizando expressões "se-então" na tomada de decisões. A condição "Se" é um prelúdio para o resultado de cada regra. Em geral, cada regra é apresentada no estilo "Se" (prefixo) e "Então" (resultado).

4. CONTROLO DIGITAL DE RELÉS COM LÓGICA DIFUSA

O objetivo dos relés de proteção e dos sistemas de relés é remover a parte da avaria do sistema o mais rapidamente possível, assegurando a abertura dos disjuntores adequados, a fim de minimizar os danos quando ocorrem avarias. O ideal é que os sistemas de proteção previnam o mau funcionamento e evitem a sua falha (Sun, 2012, Wang, 2010). Neste estudo, o controlo dos relés de proteção do transformador de potência é baseado na lógica difusa. O sistema fuzzy para o controlo digital de relés é apresentado na Figura 2.

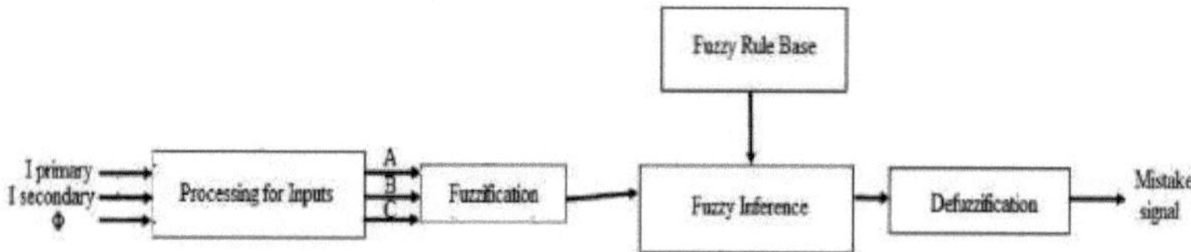

Figura 2. Sistema Fuzzy para Controlo Digital de Relés

A representa o declive da corrente diferencial de fluxo (dO/di) que consiste em "pequeno", "médio" e "grande". "B" representa a segunda harmónica da corrente diferencial, que consiste em "pequena" e "grande". "C" representa o rácio entre o valor da corrente de restrição e o valor da corrente de funcionamento, que consiste em "pequeno", "médio" e "grande". A saída consiste em "sem erro" e "erro". Se o valor da saída for maior ou igual a 3, o caso é "erro" e se o valor for inferior a 3, o caso é "sem erro". As funções de afiliação difusa "A" são apresentadas na figura 3.

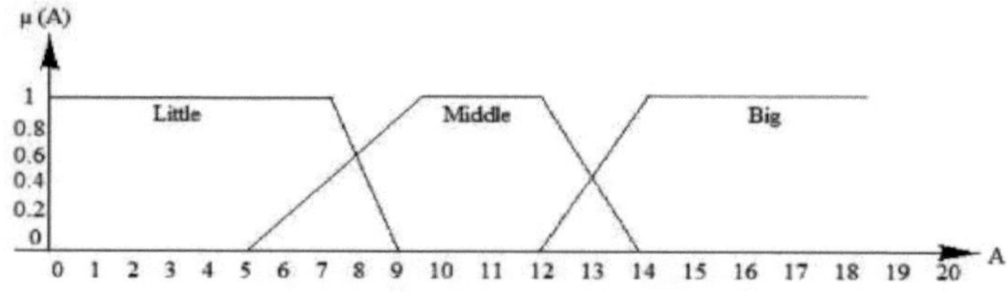

Figura 3. Funções de filiação fuzzy

As funções de pertença fuzzy 'B' são apresentadas na Figura 4.

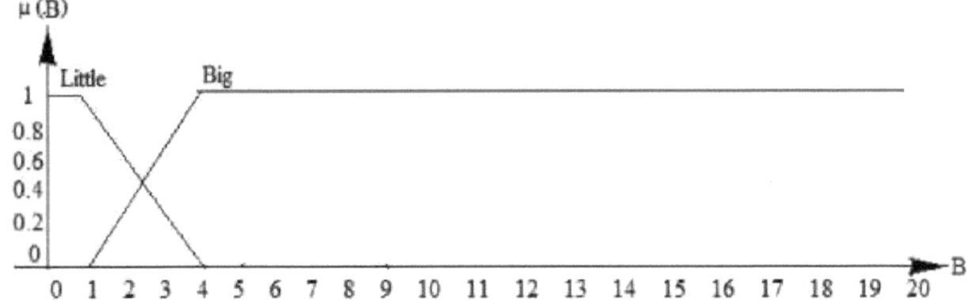

Figura 4. Funções de afiliação fuzzy B

As funções de pertença difusa de "C" são apresentadas na Figura 5. A base de regras difusas de "A-B" é apresentada no quadro 1. A base de regras difusas de "A-C" é apresentada no quadro 2. A base de regras difusas de "B-C" é apresentada no quadro 3.

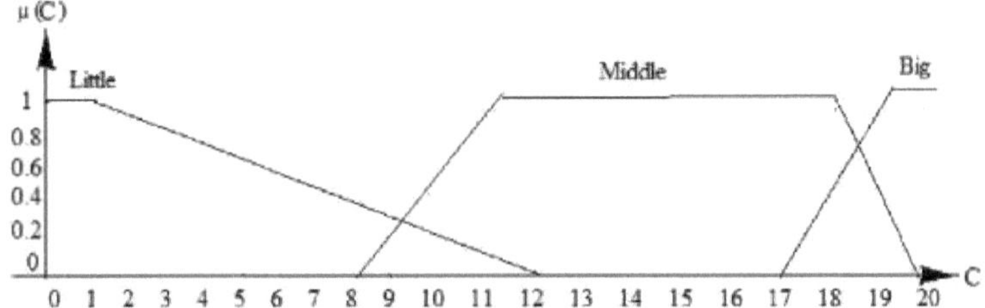

Figura 5. Funções de afiliação fuzzy C

Tabela 1. Base de regras Fuzzy de A-B

A **B**	**Pouco**	**Médio**	**Grande**
Pouco	Sem erros	Sem erros	Sem erros
Grande	Erro	Erro	Erro

Tabela 2. Base de regras Fuzzy de A-C

A **C**	**Pouco**	**Médio**	**Grande**
Pouco	Erro	Erro	Sem erros
Médio	Sem erros	Sem erros	Sem erros
Grande	Sem erros	Sem erros	Sem erros

Tabela 3. Base de regras Fuzzy de B-C

C B	**Pouco**	**Grande**
Pouco	Erro	Erro
Grande	Sem erros	Erro
Grande	Sem erros	Erro

O software de lógica difusa no programa Matlab é apresentado na Figura 6. BSe A é Lit fie e B é L ittls então a saída é No Xidake else B se A é Xiddle e B é Little então a saída é No Xistake else H se A é Big e Bis Little então a saída é No Xlistake else B se A é Little e B é Big então a saída é Xistake else B se A é Xiddle e B é Big então a saída é Xlistake senão H se A é Grande e Bis Grande então a saída é Xistake senão B se A é Lit fie e C é Pequeno então a saída éXistake senão B se A é **Xi** ddle e C é Lit de então a saída é **Xi** stake senão B se A é Grande e C é Pequeno então a saída é Não Xistake senão B se A é Pequeno e C é Xiddle então a Saída é No Xlistake senão B se A é Xiddle e C é Xiddle então a Saída é No Xistake senão B se A é Big e C é Xiddle então a Saída é No **Xi** Sake senão B se A é Little e C é Big então a Saída é No Xistake senão B se A é Xiddle e C é Big então a Saída é No **Xi** sake senão B se A é Grande e C é Grande então a Saída é Sem Xistake senão B se B éLittie eC é Pequeno então a Saída é **Xi** Зake senão B se B éGig e C é Pequeno então a Saída é Xistake senão B se B éLittie eC éGig então a Saída é Sem Xistake senão B seE éGig e C é Grande então a Saída é Xistake

Figura 6. Software de lógica difusa

5. Conclusão

Um sistema de proteção ideal deve ter as caraterísticas de fiabilidade, seletividade, rapidez, simplicidade e economia. Embora este processo seja assegurado por vários relés de proteção, os relés de proteção diferencial são geralmente utilizados. Neste estudo, o software foi criado com lógica fuzzy. A proteção dos transformadores de potência foi assegurada através do controlo dos relés de proteção do software de lógica difusa escrito no programa Matlab. O estudo foi considerado bem sucedido.

CAPÍTULO 7

INVESTIGAÇÃO DAS FALHAS EM CENTROS DE TRANSFORMAÇÃO NO DISTRITO DE ERDEMLI E PRECAUÇÕES A TOMAR

1. INTRODUÇÃO

Neste estudo, foram investigadas as falhas em Centros de Transformação na província de Mersin, distrito de Erdemli. As causas das falhas foram discutidas. O objetivo é criar um método para identificar as razões de possíveis falhas do transformador de potência. Os dados foram recolhidos através da investigação das falhas ocorridas nas subestações de Erdemli. Foram examinadas as estatísticas de avarias das 200 falhas de transformadores de potência ocorridas entre 2003 e 2019 no distrito de Erdemli, na província de Mersin. São dados exemplos de diferentes falhas de transformadores de potência na análise de falhas. São explicadas as razões das falhas dos transformadores de potência e as precauções a tomar.

O transformador é a parte mais cara e integrante dos sistemas de energia eléctrica. A eletricidade de baixa tensão e alta tensão transforma os transformadores num estado de baixa tensão e alta corrente, praticamente sem perda de energia (Lei, 2014). Os transformadores são os elementos complementares de muitos veículos eléctricos. Existem também 500 toneladas de transformadores. Os transformadores têm desempenhado um papel fundamental na transmissão e distribuição de eletricidade (Kang, 2010). O trabalho nos últimos cinquenta anos centrou-se em vários materiais magnéticos e técnicas de produção que podem ser utilizados em transformadores (Goudal, 2013, Naderi, 2008). Atualmente, os estudos centram-se na melhoria das condições de funcionamento do transformador, na resposta em situações transitórias, na análise de possíveis danos e avarias, na economia e em novas concepções em conformidade. O transformador tem uma estrutura simples com caldeira, vaso de expansão, casquilho, radiadores de arrefecimento e ventiladores que contêm enrolamentos com circuito magnético (Abu-Siada, 2012, Ballal, 2012). As condições de ensaio dos transformadores são cada vez mais difíceis. Estas são tensões de grande impacto, ciclos consecutivos, a incapacidade de exceder certos níveis de ionização e ruído, bem como, a determinação da probabilidade de falha por análise de óleo, arrefecimento direcional, a distribuição da área, secagem especial (Behjat, 2011, Behjat, 2013, Behjat, 2012). A principal tarefa dos sistemas de energia é fornecer energia da forma mais económica, com um nível aceitável de fiabilidade e qualidade para o utilizador final. A fiabilidade do sistema depende da fiabilidade dos elementos que o compõem. A prevenção de avarias e a operação dos transformadores em boas condições de funcionamento é muito importante nos sistemas de energia. A forma de evitar avarias muito graves nos transformadores de potência e de os prevenir de graves problemas financeiros e técnicos causados por essas avarias depende da disponibilização de um ambiente de trabalho com as ferramentas e equipamentos dotados dos dispositivos técnicos adequados (Oliveira, 2010, Oliveira, 2011). Neste estudo, foram investigadas as falhas em Centros de Transformação no Distrito de Erdemli da Província de Mersin. As causas das falhas são discutidas.

2. INVESTIGAÇÃO DE FALHAS EM CENTROS DE TRANSFORMAÇÃO EM ERDEMLI DISTRITO

A vida útil dos transformadores de potência é de 25 a 30 anos, de acordo com a sua conceção. Na prática, a vida útil de um transformador pode ser prolongada até 50 anos com uma manutenção adequada. Devido aos problemas relacionados com o processo de fabrico dos transformadores de potência, estes falham nos primeiros cinco anos de funcionamento ou em períodos de vida após os vinte anos, dependendo da manutenção e dos controlos aplicados na operação. À medida que os transformadores envelhecem, o risco de falha aumenta com o enfraquecimento do material. Os níveis de isolamento podem diminuir até um nível que não pode resistir a falhas, tais como falhas de curto-circuito no sistema ou sobretensões transitórias. Nas inspecções efectuadas nas subestações, verifica-se que, como se pode ver na figura 1, um transformador de potência sem manutenção preventiva explodiu devido à deterioração do papel isolante. mostra um transformador que sofreu um desastre.

Figura 1. Transformador de potência explodido sem manutenção preventiva.

Os testes e a manutenção devem ser efectuados regularmente para evitar problemas no sistema de energia e garantir o funcionamento seguro dos transformadores. Apesar disso, os transformadores de potência têm problemas. Devem ser tomadas medidas preparadas e preventivas na classificação das falhas. Os dados devem ser recolhidos de forma saudável. Na investigação de falhas de transformadores de potência, deve ser estabelecida a metodologia das causas mais prováveis de qualquer falha de transformador detectada no sistema. Devem ser fornecidas amostras de falhas e eventos e deve ser determinado o procedimento para a recolha de dados de rotina e uniforme. Deve ser estabelecido um roteiro a ser seguido na análise de falhas em transformadores de potência. O reconhecimento precoce do problema no transformador atrasa o processo de desenvolvimento do problema. Pode ser necessário elaborar um conteúdo de exame muito completo para examinar e identificar um defeito com todos os seus pormenores. A investigação começa com a suspeita do funcionamento dos relés de proteção ou do desempenho do transformador em caso de falha do transformador. As conclusões explicativas do estado de avaria são cuidadosamente recolhidas. A informação sobre a avaria deve ser partilhada de forma saudável. Existem fases de preparação da análise de avarias, testes, exame e edição do relatório final. A informação sobre a avaria na fase de preparação é recolhida rapidamente, o documento é recolhido. A análise externa consiste na análise interna e na abertura do transformador. São recolhidos registos históricos e informações sobre o transformador a examinar. São obtidas informações sobre a aplicação e o funcionamento. O pessoal é entrevistado. São analisados os registos e relatórios do histórico do transformador. Elaboração do relatório preliminar. O relatório preliminar é revisado e o relatório final é elaborado. Após a energização ou energização do transformador, são registados os sinais pertencentes aos equipamentos de proteção. O fabricante deve ser informado sobre o defeito. Durante a fase de preparação, é necessário consultar o manual de operação do transformador, os relatórios de ensaio do transformador, os relatórios de ensaio da fábrica, os ensaios de campo, os relatórios de ensaio de rotina, os diagramas unifilares da subestação, os projectos de proteção/secundária, os relatórios relacionados com estudos anteriores ou condições de falha, as configurações dos sistemas de proteção e medição, é composto por fita métrica, vestuário de proteção, óculos de campo, óculos de segurança, lentes, holofote, lanterna, íman, garrafa e seringa de amostra de óleo, medidor de oxigénio.Na fase de análise no terreno, o fotógrafo deve tirar fotografias do transformador defeituoso, fazer uma inspeção visual, tomar as notas necessárias e obter as informações através da aplicação dos ensaios necessários. Antes dos ensaios de diagnóstico do transformador, deve-se verificar se o transformador está desligado do sistema e dos pontos de fonte auxiliar e se está devidamente ligado à terra. Nos ensaios eléctricos, devem ser retirados os gases inflamáveis e tomadas as precauções de segurança.

Foram efectuados ensaios de resistência de isolamento entre o enrolamento, a terra do enrolamento, a terra de todos os enrolamentos e a terra do núcleo. A relação de enrolamento foi examinada e o isolamento auxiliar e o ponto de dano foram determinados. O fator de potência foi examinado e o isolamento principal foi controlado. A resistência DC do enrolamento foi examinada para determinar o isolamento auxiliar e o ponto de dano. A resistência dieléctrica do óleo foi investigada e o ponto de dano foi determinado. Foram examinados os sinais de aviso, os impulsos de baixa tensão, a análise da impedância e da resposta em frequência e foram fornecidos os danos mecânicos, a deteção de danos e o controlo do isolamento auxiliar. O ensaio de tensão de indução é examinado e é fornecido um controlo auxiliar de isolamento. As medições da resistência do enrolamento asseguram que é efectuada uma ligação correta. Se houver uma condição de circuito aberto ou uma ligação de alta resistência em enrolamentos de condutores paralelos, a deteção é fornecida. Este ensaio é aplicado para determinar o movimento mecânico dos enrolamentos como resultado do ensaio de impulso de baixa tensão, curto-circuito ou transmissão do transformador. A descarga parcial com ensaio de tensão induzida é determinada de forma isolada. Com o ensaio de alto potencial, são determinadas as pressões básicas do isolamento principal. Como se pode ver na Figura 2, nos enrolamentos do transformador nos centros de transformação, o enrolamento das bobinas, os enrolamentos resultam num curto-circuito nos enrolamentos devido à tensão e às forças radiais.

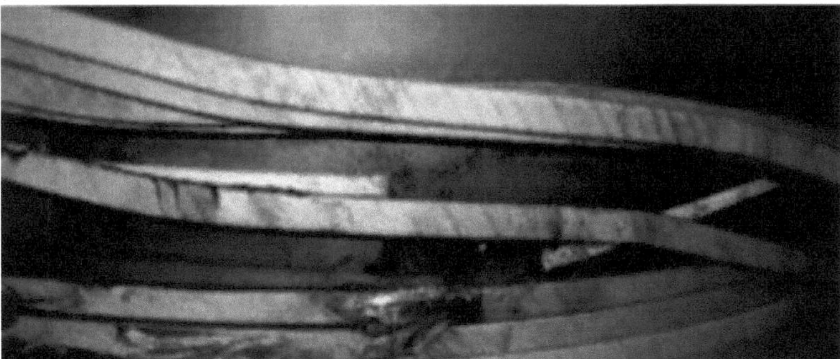

Figura 2. Os enrolamentos resultam num curto-circuito nos enrolamentos devido à tensão e às forças radiais.

As cinzas brancas, as cinzas da caixa de combustão e os restos sólidos do casquilho queimado são apresentados na Figura 3.

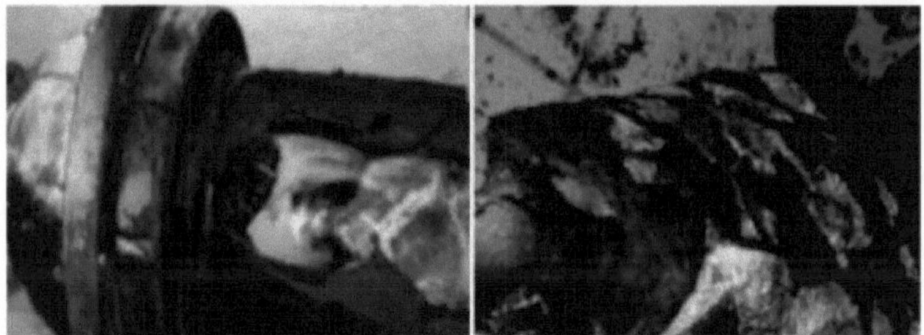

Figura 3. Cinzas brancas, cinzas de habitação em combustão e restos sólidos do casquilho queimado.

No ensaio de análise da resposta em frequência, foram determinadas as distorções mecânicas que poderiam ser causadas por defeitos de curto-circuito nos enrolamentos. Na medição da rigidez dieléctrica, foi determinada a tensão mínima de perfuração do isolamento líquido entre dois eléctrodos metálicos. Uma baixa rigidez dieléctrica indica que o isolamento líquido está contaminado ou que a água, o carbono e outras impurezas estão presentes. A tensão de punção da superfície interna do óleo é definida como a flexão da bolha de água na película de óleo. O aumento da perfuração da superfície indica que o óleo está a envelhecer. Durante as falhas de arco, corona e alta temperatura que ocorrem no transformador, as moléculas de óleo são desintegradas e alguns gases são libertados. Estes gases dissolvem-se no óleo ao longo do tempo. A fração insolúvel acumula-se no relé bucholz. O hidrogénio (H_2), o metano (CH_4), o acetileno (C_2H_2), o etileno (C_2H_4), o etano (C_2H_6) e o monóxido de carbono (CO), o dióxido de carbono (CO_2), o azoto (N_2) e o oxigénio (O_2) são determinados no gás do óleo. As intensidades, rácios e totais destes gases fornecem dados importantes sobre as falhas dos transformadores. Após determinar a exatidão dos resultados, são investigadas outras fontes de formação de gás. Por esta razão, os valores de gás são recalculados, removendo os valores anteriores dos valores de gás actuais e reinterpretando-os de acordo com a nova situação. A inspeção interna determinará a localização da falha como garantida e determinará o tamanho do dano. Um nível de óleo baixo faz com que a contaminação se espalhe, o núcleo e a bobina entrem em funcionamento. Se houver contaminação ou sujidade na superfície do óleo, esta poluição deve ser eliminada. O defeito do tanque do transformador é apresentado na Figura 4.

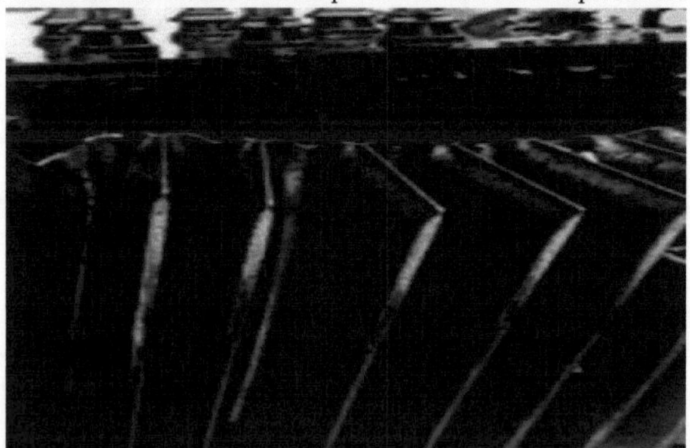

Figura 4. Defeito no tanque do transformador.

3. ESTATÍSTICAS DE AVARIAS EM CENTROS DE TRANSFORMAÇÃO NO DISTRITO DE ERDEMLI

Foram examinadas as estatísticas de avarias das 200 avarias de transformadores de potência ocorridas entre 2003 e 2019 no distrito de Erdemli, na província de Mersin. As estatísticas das causas de avaria dos transformadores de potência no distrito de Erdemli são apresentadas na Figura 4.

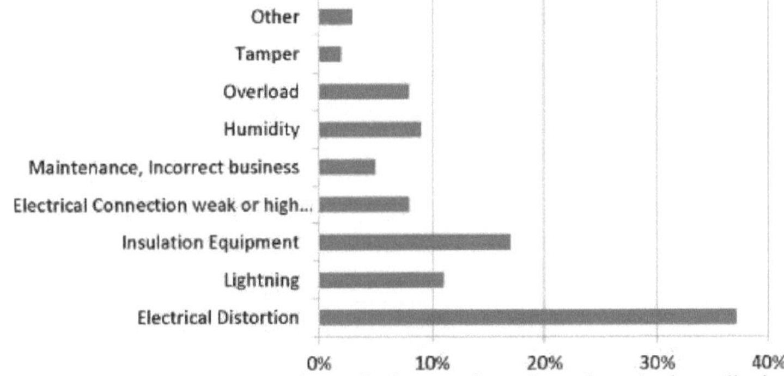

Figura 4. Estatísticas das causas de avaria dos transformadores de potência no distrito de Erdemli

As estatísticas do tipo de avaria dos transformadores de potência no distrito de Erdemli são apresentadas na Figura 5.

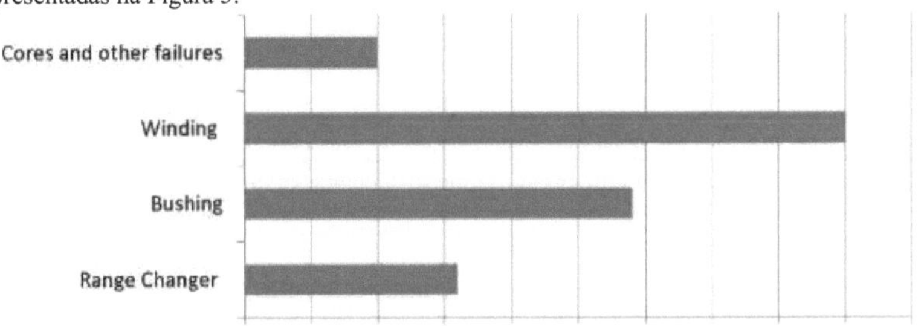

Figura 5. Estatísticas do tipo de avaria dos transformadores de potência no distrito de Erdemli

4. ANÁLISE E PREVENÇÃO DE AVARIAS EM CENTROS DE TRANSFORMAÇÃO NO DISTRITO DE ERDEMLI

A fim de evitar disfunções, devem ser feitas observações saudáveis. As informações recolhidas ou obtidas devem ser sistematicamente analisadas. A informação analisada deve ser comparada com defeitos ou problemas conhecidos. As hipóteses introduzidas na análise de falhas devem ser verificadas pela informação recolhida e por outros equipamentos do sistema. Os estudos devem ser apoiados por ensaios laboratoriais. As avarias provocadas por factores mecânicos são causadas pela falha do isolamento celulósico em consequência da deterioração do aspeto físico por desgaste, dilatação e boom. A deformação do enrolamento é a que ocorre com o efeito de forças electromagnéticas ou durante o transporte. Em caso de efeito radial das forças electromagnéticas no sentido exterior, provoca o afrouxamento dos condutores. Isto faz com que os condutores sejam isolados ou separados do isolamento. Isto também faz com que os condutores se partam com o alongamento, excedendo assim o limite de elasticidade do material. Com o efeito interno das forças radiais, provoca uma falha mecânica no cilindro de torção ou de enrolamento. O isolamento de papel no enrolamento será rompido ao dobrar o condutor no enrolamento, como resultado do contacto dos condutores próximos uns dos outros, ocorrerá uma falha de curto-circuito e transformar-se-á numa falha eléctrica. Na direção oposta, as forças na direção axial são afectadas pelo centro do enrolamento. As forças na direção axial na direção oposta fazem com que os pontos de suporte se dobrem ou partam, ou fazem com que a parte curvada se desengate e corte ou corte. Isso faz com que os condutores do enrolamento se desloquem axialmente. No caso de falha axial interna, o sistema de retenção é transformado numa falha mecânica devido ao movimento relativo entre si na direção vertical, na direção oposta ao enrolamento. Pode ocorrer a combinação das forças axiais e radiais e a compressão covalente dos enrolamentos internos. A falha ocorreu quando os condutores escorregaram do centro do enrolamento e se dispersaram no espaço radial. Por vezes, os transformadores podem apresentar folgas, rupturas, desgaste e má ligação no início da ligação. Desta forma, as extremidades ou os elementos de suporte que deixam os enrolamentos com uma ligação fraca provocam um mau funcionamento. O impulso de um raio pode transformar o transformador. Neste tipo de avarias, a resistência de isolamento do transformador e a conformidade do para-raios com a tensão de punção devem ser verificadas com a coordenação de isolamento. Nos transformadores operados sob sobretensão temporária e contínua, a sobrepressão no isolamento e o sobreaquecimento do núcleo provocam avarias. No caso de avarias devidas à tensão de impacto e à tensão de comutação, verifica-se que o transformador ocorre no ponto de ligação do enrolamento com o casquilho do transformador. A descarga parcial, também designada por corona, deve-se à conceção de um sistema de isolamento deficiente, a um fabrico defeituoso e à poluição do isolamento. A descarga parcial também produz um arco de baixa densidade. Danificam localmente o isolamento e os condutores. No caso de uma condição de funcionamento em que o óleo de isolamento do transformador está a uma temperatura bastante baixa, a carga estática ocorre entre o óleo e as partes metálicas quando o óleo condensado se move rapidamente. Esta carga estática provoca falhas graves no tanque do transformador se o óleo isolante exceder a capacidade dieléctrica. As tensões de alta frequência do sistema geram normalmente tensões dieléctricas na sua ordem perto dos pontos de ligação do transformador. No caso de uma falha do sistema de isolamento, a corrente flui para as partes vivas sob a forma de uma punção dieléctrica. Os condutores nus são os possíveis pontos de partida da descarga parcial e da punção, especialmente se existirem arestas vivas que estejam profundamente irritadas ou esquecidas nos condutores nus. Materiais de isolamento; humidade, contaminação por partículas condutoras ou solventes químicos, envelhecimento térmico, descargas parciais (corona) e danos mecânicos ou vibração devido ao enfraquecimento devido à tarefa não podem. As falhas dieléctricas são, na verdade, o resultado de factores mecânicos, térmicos ou químicos ou da combinação destes. Estas deficiências de isolamento desenvolvem-se no deslizamento ou no funcionamento normal, as arestas vivas nas cavidades radiais utilizadas nos transformadores antigos provocam danos no isolamento dos condutores. A grande capacidade e a pequena capacidade contra o solo e as grandes pressões de tensão entre as extremidades do enrolamento e o fim das ligações da linha ocorrem. O aumento normal da temperatura devido ao carregamento do transformador e as condições de trabalho a que será exposto nas condições do local reduzem termicamente o isolamento. Como resultado da redução térmica, a resistência física perde-se no isolamento. As falhas térmicas ocorrem devido a falhas causadas pelo sistema de arrefecimento do transformador. A longo prazo, o transformador é sobrecarregado acima da sua capacidade de projeto. O bloqueio das áreas horizontais dos reservatórios de óleo e uma quantidade limitada de óleo no caso de contacto direto com os enrolamentos cria uma falha térmica. O transformador sobreaquece devido à operação de sobre-excitação. As falhas térmicas podem ocorrer como resultado do funcionamento contínuo do transformador em condições de humidade extrema. A ligação à terra do núcleo de terra a terra, o curto-circuito nos suportes do núcleo, a elevada resistência nas ligações dos enrolamentos, o salto, etc., podem provocar falhas eléctricas. Defeito nos transformadores auxiliares, bombas e ventiladores. Verificou-se que as sobretensões provocadas por descargas atmosféricas quebram as cabeças de enrolamento nos enrolamentos. Com tensões normais de funcionamento, o casquilho funciona normalmente, mas as sobretensões subsequentes podem provocar descargas. Tais falhas nos casquilhos são evitadas através da adição de cornos de arco. As buzinas de arco devem ser mantidas afastadas do casquilho e o arco deve ser mantido afastado do casquilho. Quando o ponto neutro do transformador não está ligado à terra, podem ocorrer sobretensões de manobra superiores às sobretensões. O fluxo excessivo e desequilibrado devido à saturação do núcleo completa o intervalo fora do núcleo, tanto o núcleo como o sobreaquecimento na construção irão causar. Materiais isolantes como papel, laca, etc. são quebrados entre as placas do núcleo. A caldeira solda os parafusos nas placas de compressão do núcleo. Os harmónicos da corrente de magnetização provocam o sobreaquecimento do condutor do enrolamento devido ao evento de pele e causam danos no isolamento de papel. Alguns pontos quentes queimam o óleo do transformador quando este completa o circuito do excesso de fluxo, do núcleo e da construção. A corrente de magnetização excessiva provoca a formação de gás devido ao aquecimento da bobina. A indutância relativamente elevada dos transformadores e reactores nos sistemas de energia eléctrica e as capacitâncias dispersas dos sistemas de transmissão fazem com que as condições de ferrorressonância ocorram facilmente. Os ferrorressonâncias resultam da abertura e do fecho de um disjuntor ou interrutor, quer os contactos do disjuntor ou do interrutor sejam ligados ou desligados ao mesmo tempo, quer um fusível se queime ou um condutor de linha se avarie. As avarias das buchas apresentam-se sob a forma de descarga superficial e perfuração do isolamento. Ligeiras queimaduras no isolador resultam do salto de casquilhos feitos de papel duro ou resina epóxi. Estas falhas nos casquilhos podem ser evitadas através da adição de cornos de arco. O nível de óleo deve ser verificado de vez em quando no indicador de óleo envidraçado no topo do casquilho. Os casquilhos defeituosos devem ser substituídos por novos. As descargas eléctricas vão da ponta dos fios até às partes ligadas à terra. Se os fios soltos estiverem parcialmente húmidos, formarão uma ponte entre as partes energizadas e as partes ligadas à terra e causarão uma perfuração. Esta condição será reduzida ao mínimo quando fixada através da impregnação dos filamentos com resina. O vento, o pó e a humidade entram no transformador durante a observação e a manutenção e fazem com que o óleo seco fique sujo e húmido. Os filamentos nos enrolamentos absorvem e absorvem o pó e o óleo húmido. Como resultado, o campo elétrico é ligado e o óleo é perfurado. Isto provoca simultaneamente a oxidação do óleo.

Quando os transformadores de potência falham, causam grandes perdas de produção e grandes perdas de material nas empresas que utilizam energia. Foram compreendidas as falhas dos transformadores de potência, a conceção incorrecta, os defeitos de fabrico, a má qualidade dos materiais, as condições de funcionamento anormais, as técnicas de manutenção e de ensaio inadequadas, o funcionamento incorreto e as técnicas não normalizadas. No distrito de Erdemli, na província de Mersin, o procedimento a utilizar na análise de falhas foi introduzido na investigação das falhas dos transformadores de potência utilizados nos sistemas de transmissão eléctrica. Foi estabelecida uma metedologia sobre as causas de possíveis falhas nos transformadores utilizados nas empresas. Foi estabelecido um tipo de procedimento de recolha de dados rotineiro e uniforme para investigar as avarias dos transformadores utilizados no sistema de transmissão. Entre 2003 e 2019, foram examinadas 200 avarias de transformadores eléctricos no distrito de Erdemli, em Mersin, e foram geradas estatísticas de avarias.

CAPÍTULO 8

MODELIZAÇÃO HARMÓNICA DE TRANSFORMADORES DE POTÊNCIA

1 MODELAÇÃO HARMÓNICA DE TRANSFORMADORES TRIFÁSICOS

Na análise harmónica de sistemas de potência, todos os elementos devem ser representados no domínio da frequência harmónica. Esta secção explica como representar elementos não lineares diretamente no domínio harmónico utilizando produtos de convolução equivalentes ao domínio do tempo. O método é examinado quando aplicado a transformadores de potência.

A análise das harmónicas do sistema de energia tornou-se essencial devido às muitas fontes de harmónicas no sistema (Arrilaga, J., 1985). Estas fontes de harmónicas são os conversores, as máquinas síncronas desequilibradas e os elementos não lineares, como os fornos de arco e os transformadores. O objetivo dos cálculos é ter modelos do domínio harmónico para todos os elementos do sistema. Por esta razão, as transformações de Fourier para a frente e para trás no domínio do tempo podem ser evitadas. Nesta secção, define-se um método geral para representar elementos não lineares no domínio harmónico direto e utiliza-se o método de modelação de transformadores. Existem estudos sobre este assunto (Semlyen, A., 1986,1987).

2 CONVOLUÇÃO HARMÓNICA

A modelação harmónica direta de elementos não lineares baseia-se na convolução equivalente no domínio da frequência do produto no domínio do tempo. Os engenheiros devem corrigir o facto de os produtos estarem no domínio do tempo e nem sempre no domínio da frequência utilizada. Sejam x e y duas variáveis periódicas no domínio do tempo, e sejam x e y os vectores correspondentes no domínio harmónico. Assim;

$$x = \sum_{h=-\infty}^{\infty} x_h e^{jhwt}$$

(1a)

$$y = \sum_{k=-\infty}^{\infty} y_k e^{jkwt} \quad \text{(1b)}$$

E

$$x = [\ldots x_h \ldots]^T = [\ldots x_{-2}, x_{-1}, x_0, x_1, x_2, \ldots]^T \quad \text{(2a)}$$

$$y = [\ldots y_k \ldots]^T = [\ldots y_{-2}, y_{-1}, y_0, y_1, y_2 \ldots]^T \quad \text{(2b)}$$

Quando multiplicamos duas expressões

$$z = xy = \sum_{l=-\infty}^{\infty} z_l e^{jlwt} \quad \text{(2c)}$$

$$z = xy = [\ldots z_1 \ldots]^T = [\ldots z_{-2}, z_{-1}, z_0, z_1, z_2 \ldots]^T \quad \text{(2d)}$$

Se substituirmos (1a) e (1b) em (1c) e os compararmos com os coeficientes, encontramos a seguinte expressão. Todos h+k=l

$$z_1 = \sum x_k . y_k \qquad (3a)$$

or

$$z_1 = \sum_{h=-\infty}^{\infty} x_h y_{l-h} \qquad (3b)$$

Assim, é evidente que o produto z=x.y deve ser interpretado como convoluções (3b) para todos os elementos z1 de z.
Ao mesmo tempo, se prestarmos atenção a (1a) e (2a),

$$\dot{x} = [\ldots jhwx_h \ldots]^T = diag(jhw)x \qquad (4)$$

Assim, no diferencial no domínio do tempo, a operação correspondente no domínio harmónico diag (jhw) é um produto frontal junto à matriz diagonal.
Como resultado, a equação diferencial no domínio do tempo escrita na forma polinomial pode ser diretamente avaliada no domínio harmónico aplicando o teorema da convolução.
Como exemplo, considerando as caraterísticas não lineares da magnetização,

$$F = c_1 . \Phi + c_3 . \Phi^3 \qquad (5a)$$

o fluxo magnético Φ e a força magnética do motor F são apresentados. No domínio harmónico (5a)

$$F = c_1 . \Phi + c_3 . \Phi^3 \qquad (5b)$$

É possível. A operação $\Phi^3 = (\Phi\Phi)\Phi$ representa convoluções sequenciais. Assim, o vetor F é avaliado diretamente no domínio harmónico.
Se o conteúdo harmónico Φ for pequeno no funcionamento normal em estado estacionário, linearizamos a equação (5b) no âmbito do estado fundamental sinusoidal Φo, Fo, We . Note-se que, de alguma forma, o estado fundamental não precisa de ser sinusoidal puro. Assim, obtemos a seguinte equação.

$$\Delta F = F - F_0 = \alpha \Delta \Phi \qquad (6a)$$

$$F_0 = c_1 \Phi_0 + c_3 \Phi_0^3 \qquad (6b)$$

$$\alpha = c_1 . 1 + 3 . c_3 . \Phi_0^2 \qquad (6c)$$

Na Equação 6a, a expressa o aumento da relutância do núcleo de ferro e é pequeno quando encontra a relutância do ar. Salientamos mais uma vez que, em 6, todas as operações diretas são efectuadas nos domínios harmónicos utilizando a convolução. Na próxima secção, a equação 6a será utilizada diretamente numa parte do modelo do transformador.

3 MODELAÇÃO DE TRANSFORMADORES

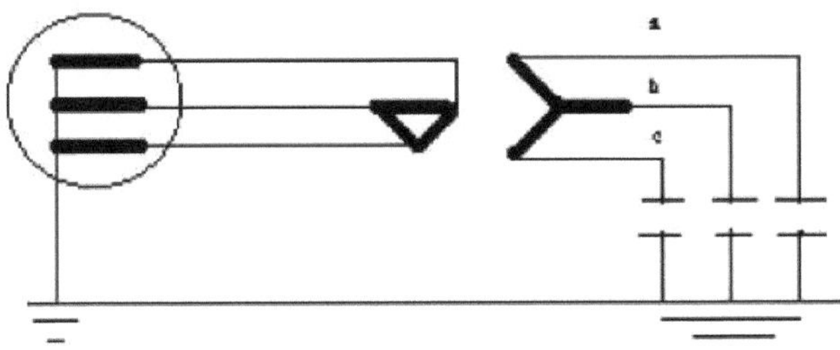

Figura 1. Transformador Д/Y com carga capacitiva

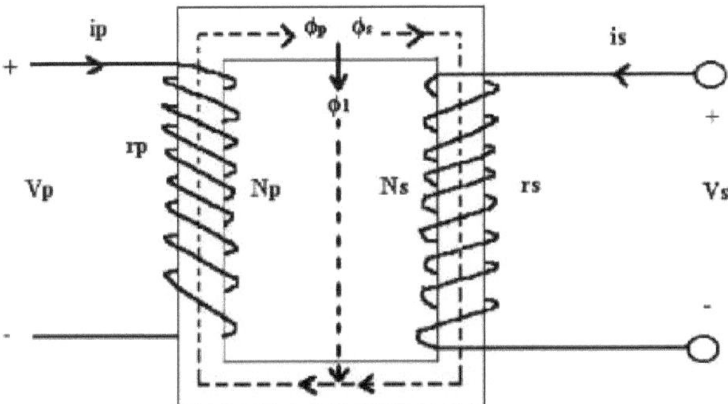

Figura 2. Pormenores da unidade monofásica

Consideremos os problemas trifásicos da Figura 1 com as unidades transformadoras monofásicas mostradas na Figura 2. Vamos descartar 1, 2 e 3 das seguintes equações correspondentes à unidade única. Não tomaremos diferenciais entre as notações de tempo e harmónicas. Utilizaremos p para d(.)/dt e diag (jhw). As equações estão na forma incremental e são utilizadas para o núcleo de ferro (6a),

$$\Delta\Phi_P = \Delta\Phi_S + \Delta\Phi_l \quad \text{7a}$$

$$\Delta F_P = \alpha_P . \Delta\Phi_P \quad \text{7b}$$

$$\Delta F_S = \alpha_S . \Delta\Phi_S \quad \text{7c}$$

$$\Delta F_l = \beta \Delta\Phi_l \quad \text{7d}$$

$$N_P . \Delta ip = \Delta F_P + \Delta F_l \quad \text{7e}$$

$$N_S . \Delta is = \Delta F_S + \Delta F_l \quad \text{7f}$$

$$\Delta v_P = r_P . \Delta i_P + N_P . p . \Delta\Phi_P \quad \text{7g}$$

$$\Delta v_S = r_S . \Delta i_S + N_S . p . \Delta\Phi_S \quad \text{7h}$$

Nestas equações, AΦl é o aumento do fluxo de fuga, AFi é a força magnética do motor e 0 é a relutância do caminho de fuga.

$\beta >> \alpha$ (8)

A equação (7) pode ser reduzida da seguinte forma.

$$\begin{bmatrix} \alpha_P + \beta & -\beta \\ -\beta & \alpha_S + \beta \end{bmatrix} \begin{bmatrix} \Delta\Phi_P \\ \Delta\Phi_S \end{bmatrix} = \begin{bmatrix} N_P.\Delta ip \\ N_S.\Delta is \end{bmatrix} \quad (9)$$

Das equações (7g) e (7h)

$$\Delta\Phi_P = \frac{1}{N_P.p}(\Delta v_P - \Delta i_P) \quad (10a)$$

$$\Delta\Phi_S = \frac{1}{N_S.p}(\Delta v_S - \Delta i_S) \quad (10b)$$

Note-se que, na vista de 8, a matriz de 9 tem uma forma ligeira. Por conseguinte, a solução requer um elevado nível de computação, a menos que o modo terra e o modo linha sejam separados analiticamente. Assim, o problema não é seguido em pormenor aqui. Quando substituímos a Equação 10 na Equação 9 e a organizamos, surge a seguinte equação.

$$\Delta i = G_N.\Delta v \quad (11)$$

Interpreta-se que as tensões e as correntes são reduzidas. Quando a Equação 11 é expandida

$$i - i_0 = G_N.(v - v_0) \quad (12a)$$

ou

$$i = G_N.v + i_N \quad (12b)$$

este último corresponde ao equivalente nortoniano do modelo do transformador. No domínio harmónico (12b), assume a seguinte forma de expressão.

$$i = G_N.v + i_N \quad (12c)$$

GN é a matriz de admitância harmónica de Norton. A dimensão corresponde a v e i, que inclui todos os elementos harmónicos primários e secundários. Para obter resultados de dimensão superior, se três unidades de transformador monofásico forem montadas como se mostra na Figura 1, o transformador 12c é considerado um modelo totalmente harmónico. Obtêm-se equivalentes de Norton semelhantes para o sistema externo.

$$i' = G'_N.v + i'_N \quad (13)$$

Se i + *i'* = *0*, as equações 12c e 13 podem ser resolvidas em conjunto para dar v, obtendo-se assim (12c). Assim, o estado harmónico do sistema é conhecido. É desejável obter mais pormenores nesta fase. Para isso, calculam-se Av e Ai. Voltando dentro de uma mesma unidade, AΦP e AOs são obtidos da equação 10 e as demais variáveis são obtidas da Equação 7. Isto permite atualizar o estado do transformador para tornar a segunda medição mais precisa. Em muitos casos, no entanto, uma única medição fornecerá resultados suficientemente precisos. Como já foi referido, o conteúdo harmónico do estado estacionário é pequeno. Como segundo exemplo, consideremos o transformador de três pernas da Figura 3.

O primário (a,b,c) é ligado como uma estrela e o secundário (a',b',c') é ligado como um triângulo. Além disso, os fluxos de fuga entre os enrolamentos primário e secundário são denotados como Ola, Φlb , Φlc, e o fluxo de fuga de sequência zero é denotado como Φo. Os fluxos de ramificação são Oab e Φcb .

Equações de continuidade para fluxos,

$$\Delta\Phi_a = \Delta\Phi_{ab} + \Delta\Phi_{la}$$

$$\Delta\Phi_b = -\Delta\Phi_{ab} - \Delta\Phi_{cb} + \Delta\Phi_{lb} \tag{14a}$$

$$\Delta\Phi_c = \Delta\Phi_{cb} + \Delta\Phi_{lc}$$

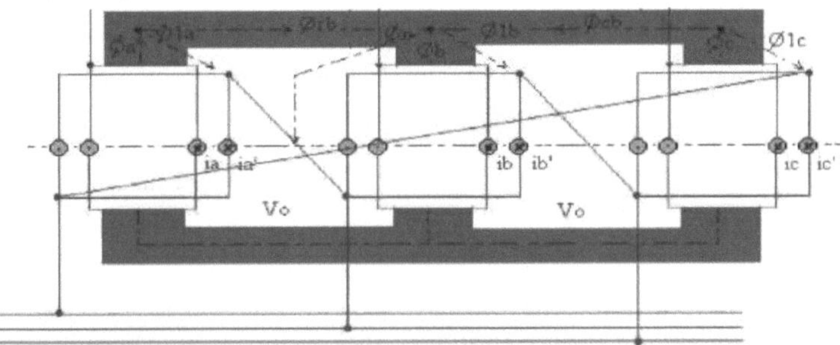

Figura 3. Transformador trifásico ligado em estrela-triângulo

$$\Delta Fi = \alpha.\Delta\Phi_i \qquad (i = a,b,c)$$

$$\Delta F_{ab} = \alpha^{'}.\Delta\Phi_{ab}$$

$$\Delta F_{cb} = \alpha^{'}.\Delta\Phi_{cb} \tag{14b}$$

$$\Delta F_{li} = \beta.\Delta\Phi_{li} \qquad i = (a,b,c)$$

$$\Delta F_0 = \beta_0.\Delta\Phi_0$$

e para as seis redes magnéticas da figura 3, os enrolamentos de amperes correspondentes são

$$N_P \Delta i_a = \Delta F_a + \Delta F_{la}$$

$$N_S i_{a^{'}} = -\Delta F_{la} + \Delta F_{ab} + \Delta F_0$$

$$N_P \Delta i_b + N_S \Delta i_{b^{'}} = \Delta F_0 + \Delta F_b$$

$$N_P \Delta i_b = \Delta F_b + \Delta F_{lb} \quad (14c)$$

$$-N_S \Delta i_{b^{'}} + N_S \Delta i_{c^{'}} + N_P \Delta i_c = \Delta F_{lb} + \Delta F_{cb} + \Delta F_c$$

$$N_P \Delta i_c = \Delta F_c + \Delta F_{lc}$$

As tensões de enrolamento são,

$$\Delta v_a - \Delta v_0 = r_p.i_a + N_p.p.\Delta\Phi_a$$

$$\Delta v_b - \Delta v_0 = r_p.i_b + N_p.p.\Delta\Phi_b$$

$$\Delta v_c - \Delta v_0 = r_p.i_c + N_p.p.\Delta\Phi_c \tag{14d}$$

$$\Delta v_{a'} - \Delta v_{b'} = r_S i_{a'} + N_S.p.\Delta\Phi_a$$

$$\Delta v_{b'} - \Delta v_{b'} = r_S i_{b'} + N_S.p.\Delta\Phi_b$$

$$\Delta v_{c'} - \Delta v_{a'} = r_S i_{c'} + N_S.p.\Delta\Phi_c$$

A estes junta-se a limitação para os neutros.

$$\Delta i_a + \Delta i_b + \Delta i_c = 0 \tag{14e}$$

O número de variáveis nas 25 equações dadas acima é 31. Estas são nove fluxos, nove mmf, seis correntes e sete tensões. Se subtrairmos os fluxos, mmfs e Avo destas equações, ficamos com seis equações nas doze variáveis Av e Ai. Estas podem ser rearranjadas na Forma 11. Todos os cálculos relativos a este ponto são semelhantes aos do primeiro exemplo. Para esta situação, são utilizadas as equações (12) e (13). A modelação harmónica do transformador representa um caso particular de modelação estática não linear do domínio harmónico ou de elementos dinâmicos do sistema. O teorema da convolução do domínio harmónico ajuda a avaliar cada expressão polinomial utilizada para descrever a dependência não linear entre variáveis com cálculos diretos simples.

Para elementos complexos, semelhantes ao transformador, as relações não lineares podem ser tornadas lineares no domínio harmónico, e os equivalentes de Norton podem ser derivados. Com o equivalente de Norton do sistema externo interligado, todos os harmónicos podem ser calculados num único passo.

O equivalente de Norton obtido por linearização forma a base da solução iterativa do tipo Newton de todo o sistema diretamente no domínio harmónico.

CAPÍTULO 9

MONITORIZAÇÃO DE TRANSFORMADORES DE POTÊNCIA E PAINEL DE CONTROLO NO TRANSFORMADOR CENTRAL ELÉCTRICA DO DISTRITO DE ERDEMLI DA PROVÍNCIA DE MERSIN

1. Introdução

Neste estudo, foi realizado um painel de monitorização e controlo remoto no parque de transformação do distrito de Erdemli, em Mersin. O transformador foi capaz de identificar as falhas que ocorrem no parque de distribuição e de transferir a informação sobre as falhas para o centro. Foi implementado um algoritmo intuitivo para monitorizar e avaliar os dados de entrada. Com base neste algoritmo, foi desenvolvido um programa de interface utilizando os programas Matlab, C e Visual Studio. Isto tornou possível que os engenheiros responsáveis pelo transformador monitorizassem e controlassem com segurança os transformadores de potência à distância.

Os transformadores de potência devem ser monitorizados e controlados para garantir o equilíbrio instantâneo entre a produção e o consumo. A operação e a gestão da rede são também asseguradas pela obtenção de informações sobre os transformadores de potência a partir do ponto em que são necessárias (Abu-Siada, 2012, Ballal, 2012). Ao mesmo tempo, utilizando os modelos matemáticos dos elementos do sistema de energia no computador, o sistema pode ser controlado através da monitorização dos sistemas de energia, analisando as condições de funcionamento do sistema (Samirmi, 2012, Samirmi, 2013). Nas aplicações em tempo real, os dados recebidos da rede são monitorizados, transferindo-os para o computador através de sistemas de interface. A monitorização e o controlo dos níveis de desempenho dos transformadores aumentam significativamente a fiabilidade e a estabilidade da rede (Siva-Sarma, 2004, Sun, 2012). A operação inadequada e a falta de informação provocam falhas nos transformadores e na rede eléctrica. Estas situações reduzem a vida útil do transformador e provocam um aumento significativo dos custos de operação e manutenção. Por esta razão, foi desenvolvido um método de controlo computorizado para tornar mais eficiente a análise da carga e do estado dos transformadores de potência e para fornecer controlos mais rápidos.

2. Falhas ocorridas no pátio de manobra do transformador

Num transformador estático, cada uma das partes do aparelho elétrico está sujeita a uma deterioração mínima, muitas vezes devido a várias razões. Falhas do circuito magnético, avarias do núcleo, avarias da forquilha e avarias resultantes da estrutura de ligação estreita ((Wang, 2010, Behjat, 2011). As falhas no enrolamento são falhas na bobina, curto-circuito, rutura do enrolamento, falhas no isolamento secundário e falhas no dispositivo de ligação (Behjat, 2011, Lei, 2014). As falhas no circuito dielétrico são as falhas causadas pelo óleo e as avarias causadas pelo isolamento principal. As ondas de tensão do raio que podem atingir o transformador causam mais de 15 vezes a tensão de fase e durante vários microssegundos. O funcionamento seguro do transformador depende do seu nível de isolamento. As tensões de impulso resultantes de descargas atmosféricas criam uma diferença de potencial muito grande em enrolamentos de comprimento curto (Koochaki, 2008, Akbari, 2010). Como resultado, o isolamento do enrolamento é perfurado. As sobretensões provocadas pelas descargas atmosféricas quebram as cabeças de enrolamento nos enrolamentos. As buchas provocam descargas com subsequentes sobretensões (Goudal, 2013, Buckle, 1998). As falhas dos casquilhos apresentam-se sob a forma de descarga superficial e perfuração do isolamento (Ma, 2005, Naderi, 2008, Oliveira, 2010). Como resultado da corrente ascendente nos casquilhos de porcelana, observam-se traços ou pontos de fusão na flange metálica. Se todo o óleo for esvaziado, o ar húmido que entra nas condições meteorológicas variáveis provoca um flashover. Isto provoca a rutura do isolador.

3. Algoritmo Heurestic (Ant/Firefly) melhorado para monitorização e avaliação de dados em transformadores de potência

As feromonas, que as formigas utilizam para encontrar o caminho mais curto, são uma espécie de secreção química que alguns animais utilizam para influenciar outros animais da sua própria espécie (Dorigo, 1996). Quando as formigas se deslocam, deixam as feromonas que armazenaram nos caminhos que atravessaram. Preferem o caminho onde a feromona é mais provável de ser menor. Este comportamento instintivo explica como encontram o caminho mais curto para a comida, mesmo que um caminho pré-existente não esteja disponível. Considerando que cada formiga deixa a mesma quantidade de feromona à mesma velocidade, pode demorar um pouco mais do que o processo normal se a formiga reconhecer a barreira e escolher o caminho mais curto. Cada formiga adopta uma política de tomada de decisão passo a passo a partir do nó de origem e cria uma solução para o problema. Em cada nó, a informação local é armazenada no próprio nó ou os arcos que saem desse nó são lidos pela formiga. O passo seguinte consiste em decidir qual o nó a utilizar quando se desloca de forma aleatória. Uma formiga atinge o nó a partir do nó até chegar ao nó de destino, completa o seu movimento para a frente e volta ao modo de movimento. Os pirilampos emitem normalmente uma luz intermitente em intervalos curtos. O ritmo de intermitência desta luz faz parte do sistema de sinalização que permite aos pirilampos encontrarem-se e distinguirem-se de outros insectos que emitem luz. A velocidade, a frequência e o tempo antes de os pirilampos responderem uns aos outros têm um significado especial. O método de otimização desenvolvido com base nesta lógica que determina os padrões de sobrevivência dos pirilampos é designado por algoritmo dos pirilampos. O algoritmo intuitivo baseado na população recomendado para otimizar funções multi-modelo. O método de otimização da manada de pirilampos foi desenvolvido através da observação e imitação dos comportamentos sociais dos pirilampos. O principal objetivo da utilização deste método é captar todos os máximos locais. Nos problemas de otimização de funções multi-modelo, a diferença mais importante entre a otimização da manada de pirilampos e as abordagens anteriores é a área de decisão dinâmica utilizada pelos indivíduos da manada que colocam eficientemente vários picos. Cada indivíduo da manada utiliza a área de decisão para selecionar os seus vizinhos e determina o seu movimento através da força do sinal que recebe dos seus vizinhos. No algoritmo híbrido gerado, foi realizada a modelação matemática do comportamento das colónias de formigas e pirilampos. Este método foi utilizado para resolver os problemas contínuos e descontínuos na monitorização e controlo das falhas através da avaliação dos parâmetros dos transformadores de potência, imitando o comportamento natural das formigas e pirilampos (Geem, 2001, Harmanani, 2016). O algoritmo Heurestic (Formiga / Pirilampo) melhorado para monitorizar e avaliar dados em transformadores de potência é apresentado na Figura 1.

Otimização híbrida de formigas e pirilampos gerados; Trata-se de uma técnica de otimização híbrida que é utilizada como resultado da monitorização dos caminhos utilizados pelas formigas entre as fontes de alimento e os ninhos e da avaliação da intensidade luminosa dos pirilampos.

Os passos básicos do algoritmo são os seguintes:

Passo 1. Introduza o número de experiências, o número máximo de gerações e o número da população (N).

Passo 2. Introduza as informações da subestação.
Passo 3. Gerar N cromossomas para a população inicial.
Passo 4. Definir o número total de barras, o número de linhas, o número de colunas e a profundidade da integração da rede.

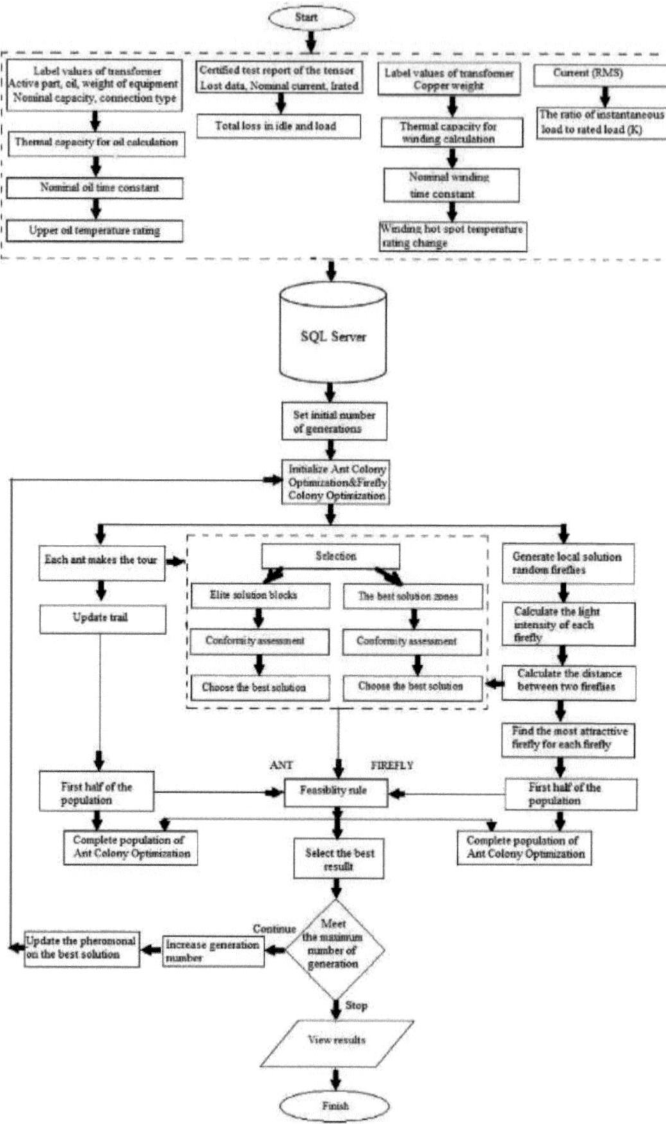

Figura 1. Algoritmo Heurestic (Ant/Firefly) melhorado para monitorizar e avaliar dados em

Etapa 5. Calcular a adequação de cada solução.

Passo 6. Se for atingido o número máximo de gerações, identificar e armazenar o cromossoma que melhor se adapta à experiência.

Passo 7. Aumentar o número de experiências se o número máximo de gerações for atingido, mas o número máximo de experiências não for atingido

Passo 8. Recomeçar a experiência.

Passo 9. Se o número máximo de gerações não for atingido, passe à etapa 3.

Passo 10. Avance para o passo 15 se o número máximo de gerações e o número máximo de experiências forem atingidos.
Passo 11. Dividir o número N de cromossomas em grupos binários e cruzar.
Passo 12. Aplicar a mutação a N cromossomas.
Etapa 13. Selecionar o melhor número N de cromossomas para a geração seguinte a partir dos cromossomas obtidos por N número de cromossomas, N número de cromossomas e N número de mutações.
Passo 14. Aumentar o número de gerações em 1 e passar à etapa 3.
Passo 15. Identificar o melhor cromossoma de todas as experiências
Passo 16. Calcular a média do melhor cromossoma de cada experiência.
Passo 17. Ver resultados

4. Programa de interface de monitorização e avaliação de defeitos de transformadores

Um circuito de aquisição de dados constituído por hardware e software foi concebido para recolher dados de sistemas de transformadores e transferi-los para um centro de monitorização remoto. Foi criada uma interface escrita em linguagem de programação Visual Basic para a visualização de sinais analógicos em sinais digitais e apresentação visual ao utilizador em ambiente informático. A placa projectada tem um microcontrolador e um circuito de condicionamento de sinal. O diagrama de deteção do transformador de potência
O diagrama de deteção do transformador de potência é apresentado na Figura 2.

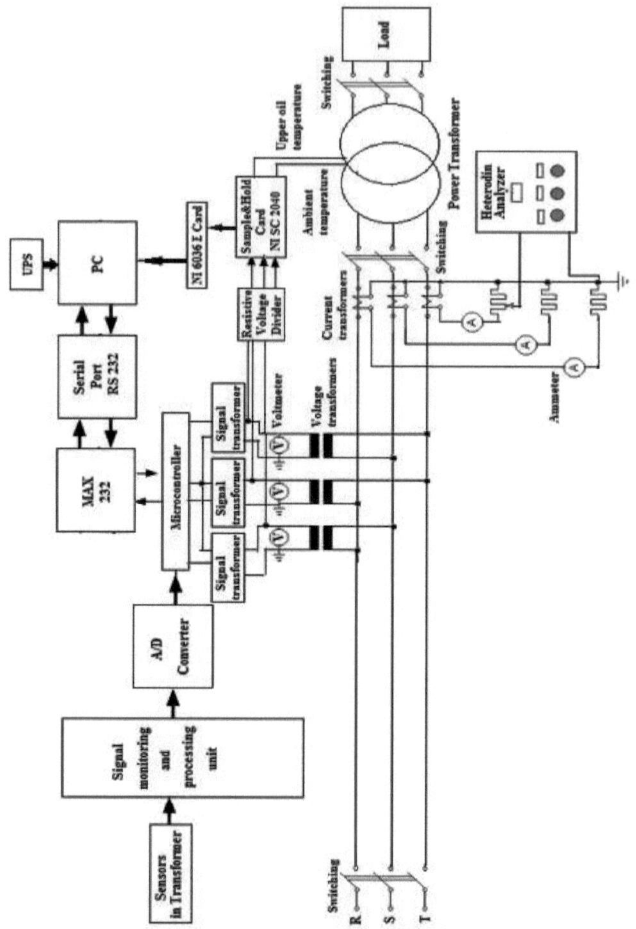

Figura 2. Diagrama de deteção do transformador de potência

O painel de deteção do transformador de potência é apresentado na Figura 3.

Figura 3. Painel de deteção do transformador de potência

O programa de monitorização do transformador de potência é apresentado na Figura 4.

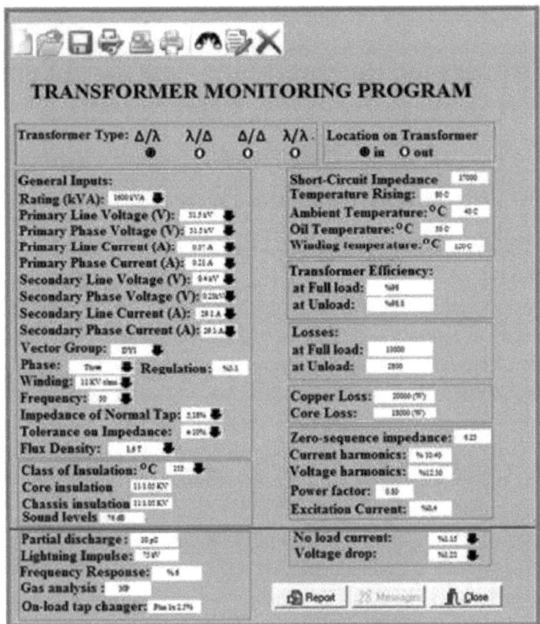

Figura 4. O programa de monitorização do transformador de potência

No circuito concebido, o sensor de corrente é utilizado para medir a corrente. A tensão de saída é convertida pelo microcontrolador em informação digital e os dados obtidos são avaliados. O microcontrolador é utilizado para comunicar com o computador. Para evitar pausas na transmissão de dados, o suporte de RAM de acesso duplo também é fornecido para a comunicação USB. O programa Visual Studio foi concebido para ser uma interface gráfica para ler, processar e enviar dados. Graças a esta interface, os dados podem ser monitorizados e registados visualmente. Nos sistemas de controlo e gestão informatizados, os dados enviados através do computador são monitorizados pelo controlador de hardware e as entradas e saídas são monitorizadas. A introdução da informação e a determinação das taxas são efectuadas através da interface. A informação introduzida é enviada para o microcontrolador e o seu valor é determinado. Assim, o microcontrolador pode monitorizar os parâmetros produzidos nas unidades a monitorizar.

5. Conclusão

Foi desenvolvido um software híbrido Heurestic para monitorização e controlo remoto dos parâmetros dos transformadores de potência no distrito de Erdemli, província de Mersin. Este equipamento foi testado e aplicado a transformadores no parque de distribuição. Os testes foram bem sucedidos. Foi concebido um sistema de aquisição de dados baseado em microcontroladores para monitorizar as condições de funcionamento dos transformadores de potência. Com o sistema concebido, a temperatura do ambiente foi transferida para o computador através da amostragem dos parâmetros eléctricos e de temperatura do transformador. Com a interface do computador, os parâmetros instantâneos foram avaliados. Neste estudo, a fiabilidade e a estabilidade da rede eléctrica foram significativamente aumentadas através da monitorização e do controlo dos níveis de desempenho dos transformadores de potência.

CAPÍTULO 10

Otimização da Qualidade de Energia em Centrais Eléctricas Solares/Eólicas Utilizando um Algoritmo Heurístico Híbrido Abelha Artificial/Ant Desenvolvido

1. INTRODUÇÃO

A regulação da tensão tem de ser optimizada para reduzir as perdas de energia e melhorar a qualidade da energia em centrais solares/eólicas renováveis. Neste estudo, foi desenvolvido o Algoritmo Heurístico Híbrido de Abelha Artificial/Ant e a regulação de tensão foi optimizada utilizando este algoritmo desenvolvido. Foi desenvolvido um programa de computador na linguagem de programação C++ para evitar os efeitos indesejáveis de eventos eléctricos que ocorrem durante a integração de fontes de energia renováveis e para fazer com que o sistema funcione de forma mais eficiente. A interface do programa foi feita utilizando o programa Visual Studio. Foi possível efetuar a estimativa da potência, a estimativa da qualidade da energia e a estimativa das perdas de potência utilizando o algoritmo intuitivo híbrido abelha artificial/antiga criado sobre o conjunto de dados obtidos de centrais solares e eólicas. Foi determinado que existe uma diferença de ± 4% entre os valores obtidos com o algoritmo desenvolvido e o programa de computador e os valores obtidos nas centrais eléctricas. Entende-se que o algoritmo desenvolvido e o programa de computador criado são bem sucedidos na otimização da qualidade de energia em centrais solares/eólicas. Este estudo permitiu estimar a quantidade de energia produzida, a quantidade de perdas de energia e a qualidade da energia em centrais solares/eólicas.

A qualidade da energia é a proteção de um recetor sensível através do fornecimento de energia eléctrica a esse recetor de uma forma que não afecte negativamente o seu desempenho. A qualidade da energia é definida como uma combinação dos conceitos de qualidade da tensão e qualidade da corrente. A qualidade da tensão é a variação da tensão real no sentido de se afastar da forma ideal da tensão [1-3]. A qualidade da corrente, por outro lado, é a adaptação desta descrição à corrente. A corrente e a tensão ideais são correntes e tensões que têm uma forma de onda sinusoidal que oscila com uma amplitude constante e uma frequência constante nos seus valores nominais. Idealmente, a forma de onda da corrente deve ter a mesma frequência e fase que a tensão. A alteração da corrente e da tensão de uma forma que se desvia da sua forma ideal provoca a deterioração da qualidade da energia. A degradação da qualidade da energia é causada pela corrente ou pela tensão. As perturbações de tensão ocorrem centradas na rede. Isto afecta os consumidores. As distorções de corrente são centradas no consumidor. Isto afecta a rede. Alguns problemas têm de ser resolvidos nas redes inteligentes, que visam um sistema energético economicamente eficiente e sustentável através da redução das perdas. Estes são a integração no sistema da energia produzida em estações híbridas de energia renovável solar/eólica, as alterações de tensão que ocorrem durante o corte de carga e a entrada em funcionamento e os harmónicos criados pelos inversores [4-6]. As precauções a tomar para não reduzir a qualidade da energia eléctrica durante a integração da energia produzida em estações híbridas de energia renovável solar/eólica no sistema são importantes para a eficiência do sistema e a segurança dos consumidores. A tensão e a frequência são dois parâmetros importantes da qualidade da energia eléctrica. É importante que estes estejam dentro dos padrões determinados e que sejam constantemente verificados. Este estudo tem como objetivo evitar que as variações de tensão que podem ocorrer durante a ligação e desligamento em redes inteligentes prejudiquem os consumidores [7-9]. Para reduzir as perdas na linha, a regulação de tensão nas redes inteligentes foi otimizada utilizando o Algoritmo Heurístico Híbrido Abelha Artificial/Ant Desenvolvido. Foi desenvolvido um programa de computador para evitar os efeitos indesejáveis de eventos eléctricos que ocorrem durante a integração de fontes de energia renováveis e para fazer com que o sistema funcione de forma mais eficiente.

2. Qualidade da energia em centrais eléctricas híbridas solares/eólicas

A central eléctrica solar/eólica é apresentada na Figura 1.

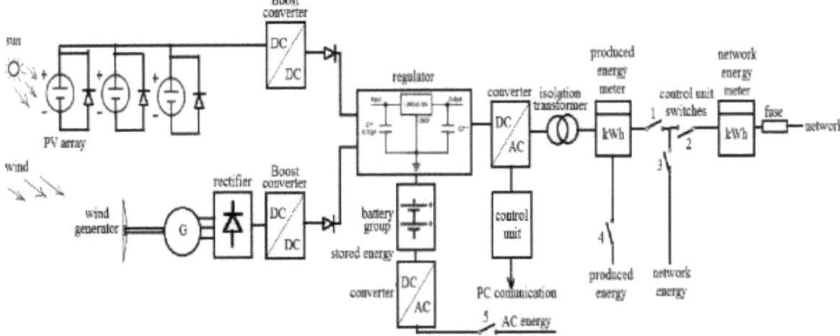

Figura 1: A central eléctrica solar/eólica.

As linhas de transmissão longas são utilizadas para ligar os sistemas de produção de fontes de energia renováveis, onde são produzidas grandes potências, ao sistema de distribuição. Em linhas de transmissão longas em que a secção transversal não é selecionada adequadamente, surge o problema da subida de tensão no lado da central de energias renováveis e no ponto em que esta é ligada ao sistema de distribuição [10-12]. A taxa de mudança de tensão varia dependendo da secção transversal da linha de transmissão, do número de sistemas ligados em paralelo, do ponto de distribuição ao qual a ligação é feita e da quantidade de energia produzida. Além disso, ocorrem perdas nestas longas linhas. Os sistemas de produção da central eléctrica renovável alteram o limite de curto-circuito do barramento ao qual estão ligados. A contribuição de curto-circuito do fabricante integrado deve ser bem calculada. Caso contrário, surge o problema de os valores-limite no barramento ligado excederem os limites calculados durante o projeto. A central de produção de energia renovável integrada provoca a alteração do fluxo de potência na região onde está ligada [13-15]. Quando o sentido do fluxo de potência se altera, existem diferenças nos cálculos de controlo da potência reactiva. Assim, a forma de atuação dos relés de proteção do sistema de distribuição também se altera. Os sistemas conversores utilizados para a integração do sistema de geração na rede provocam o aumento de diferentes correntes harmónicas no sistema de rede e a formação de tremulação [16-18]. O ilhamento também pode ocorrer como resultado de um curto-circuito num ponto do sistema de distribuição. Há uma grande probabilidade de que o ilhamento resultante desactive o terreno de operação. Nos defeitos que ocorrem entre a fase e a terra, ocorrem picos de tensão nas fases não defeituosas, que podem ser prejudiciais [19-21]. As flutuações de tensão na energia produzida em centrais eléctricas renováveis e as sobrecargas nas linhas são os problemas mais importantes. Estes problemas transformam-se em vantagens com a integração optimizada da produção distribuída de energia. A produção em recursos renováveis é descontínua e incerta. Durante a integração da energia produzida em centrais solares, existem problemas de regulação da tensão, correção de picos súbitos de tensão, custos de armazenamento de energia e localização correta da ligação. Durante a integração da energia produzida por centrais eólicas, existem problemas como a elevada variabilidade e a grande variação numa geração instantânea. Nas integrações de produção que vão ocorrer a partir do sistema de distribuição, devem ser efectuadas as análises corretas e tomadas as devidas precauções. Caso contrário, serão encontrados problemas que podem deteriorar a qualidade da energia, colocar em risco a vida e a segurança dos equipamentos, e fazer com que a energia produzida não seja utilizada de forma eficiente. Muitos problemas são encontrados quando a qualidade da energia é insuficiente. São eles os harmónicos, o aumento e a diminuição da tensão, os transientes, as correntes de arranque, as interrupções, a tremulação, as alterações de frequência e os desequilíbrios [22, 23]. As alterações instantâneas no fluxo de carga causadas por esta incerteza e descontinuidade na produção devem ser determinadas antecipadamente quanto à forma como irão afetar o sistema.

Com o algoritmo de otimização e o programa de computador desenvolvido, foi possível pré-determiná-los. Assim, foram tomadas medidas preventivas e foi assegurada uma distribuição de energia saudável e dinâmica. Com a solução dos problemas que podem ocorrer no fluxo de carga, a amplitude da tensão, o coeficiente de potência e a potência ativa-reactiva extraída das linhas ligadas ao barramento são determinados em cada barramento que serve o sistema de rede. O efeito das fontes renováveis de produção distribuída adicionadas ao barramento é conseguido através da redução da potência que flui para o barramento adicionado proveniente de outros barramentos de geração.

A regulação da tensão tem de ser optimizada para reduzir as perdas de energia e melhorar a qualidade da energia em centrais solares/eólicas renováveis. Neste estudo, foi desenvolvido o Algoritmo Heurístico Híbrido de Abelha Artificial/Ant e a regulação de tensão foi optimizada utilizando este algoritmo desenvolvido.

3. Algoritmo de otimização e programa de computador da qualidade de energia em centrais eléctricas híbridas solar/eólicas

O algoritmo da Colónia de Abelhas Artificiais é um algoritmo heurístico baseado na inteligência de enxames, inspirado nos movimentos conjuntos dos enxames de abelhas. Uma colónia de abelhas é um sistema dinâmico que recolhe informações de um ambiente e ajusta o seu comportamento em conformidade. O comportamento inteligente da colónia na tomada de decisões deve-se ao elevado nível de comunicação entre os indivíduos [24-26]. O valor da fonte depende de muitos factores, tais como a sua riqueza, a proximidade do ninho, a densidade do néctar e a facilidade de obtenção do néctar. No entanto, para simplificar o modelo, a rentabilidade da fonte alimentar é suficiente como uma única quantidade. Quando estas abelhas estão associadas às fontes de alimento que exploram, transportam informações sobre a distância, a rentabilidade e a direção da fonte em relação ao ninho. Partilham esta informação com determinadas possibilidades. Quanto mais rico for o recurso, maior é a probabilidade de as abelhas se aproximarem e partilharem informações com a colónia. Todo o telhado da colónia de abelhas depende da comunicação. A comunicação entre as abelhas sobre a qualidade das fontes de alimentação tem lugar na zona de dança. Estas abelhas partilham os seus conhecimentos com uma probabilidade proporcional à rentabilidade da fonte de alimento.

O algoritmo das formigas é inspirado no comportamento da arquitetura das formigas reais [27-29]. Uma formiga determina o caminho mais curto entre a sua casa e a fonte de alimento através do olfato, de acordo com as condições ambientais. Quando as formigas vão e voltam da fonte de alimento, depositam no chão uma substância chamada feromona. As outras formigas sentem a presença da feromona. Estas formigas tentam determinar o caminho mais curto para a fonte de alimento, seguindo os caminhos onde a densidade da feromona é maior. Como as formigas tendem a escolher o caminho com níveis mais elevados de feromona com maior probabilidade, ao longo do tempo, o caminho começa a ser utilizado por outras formigas. Assim, o nível de feromona no caminho torna-se mais acentuado. Desta forma, aumenta o sucesso do enxame de formigas em encontrar o caminho mais curto e a fonte de alimento mais intensa. As formigas descobriram o método mais eficiente em termos de estrada e fonte de alimento para atingir os seus objectivos e começam a utilizá-lo. Este sistema de formigas foi utilizado para otimizar a qualidade da energia na integração de energia produzida em centrais solares/eólicas renováveis. Este algoritmo é extremamente flexível e pode ser facilmente adaptado a alterações como a adição ou remoção de novos canais à solução. Foi desenvolvido um algoritmo híbrido para a otimização da qualidade de energia na integração de energia híbrida solar/eólica renovável multidimensional e multimodal, simulando o comportamento de forrageamento de abelhas e formigas.

O Algoritmo Heurístico Artificial Bee/Ant Hybrid desenvolvido para a otimização da qualidade de energia na integração de energia híbrida solar/eólica renovável multidimensional e multimodal é apresentado na Figura 2. O algoritmo gera aleatoriamente áreas de fontes de alimentação que correspondem inicialmente a soluções no espaço de pesquisa. Estas fontes são geradas aleatoriamente como mostra a Equação 1, tendo em conta os limites inferior e superior dos parâmetros. Além disso, nesta fase, o contador de limites de tentativas das soluções é reiniciado.

$$\gamma_{fp} = \gamma_{pmin} + random(0,1)(\gamma_{pmax} - \gamma_{pmin}) \quad \text{,.........1)}$$

f: O índice da fonte de alimento (f=1,2,3,...,f)

p: Índice dos parâmetros a otimizar (p=1,2,3,...,p)

γ_{pmax}: O valor máximo do parâmetro

γ_{pmin}: O valor mais baixo do parâmetro

A temperatura, a quantidade de luz, a velocidade do vento, os dias de férias, o plano de produção industrial, a topologia do sistema, as caraterísticas das unidades, as restrições ambientais, as restrições contratuais, os preços de energia contratuais, as potências actuais das unidades, os estados actuais de funcionamento das unidades, os estados de energia armazenada, os valores de energia solicitados, os estados de ativação de energia solicitados, as caraterísticas das unidades do quadro elétrico, os dados de alteração da potência atual, os dados de alteração da medição da energia atual, os dados de alteração da ativação atual são introduzidos como parâmetros de entrada no algoritmo.

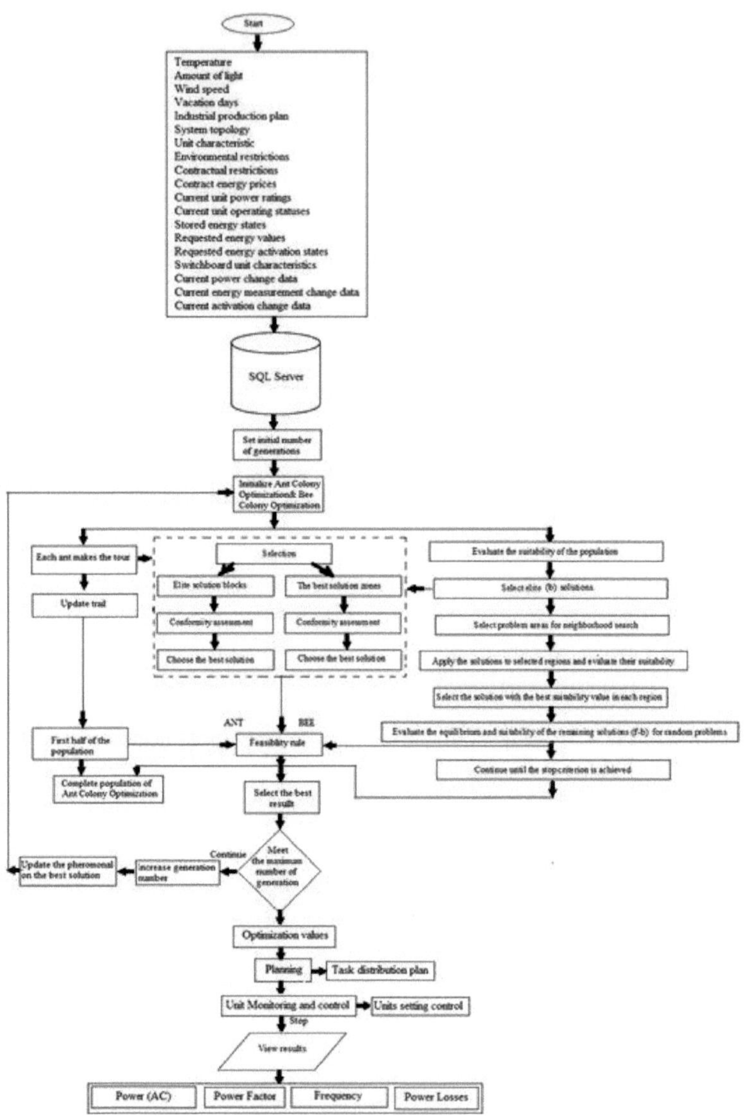

Figura 2: O algoritmo desenvolvido para a otimização da qualidade da energia.

Neste algoritmo, o número de painéis fotovoltaicos e o número de turbinas eólicas foram determinados como os parâmetros que constituem a fonte de alimentação. Assim, os parâmetros do sistema que permitem manter a quantidade de energia produzida, a qualidade da energia e as perdas de energia dentro de certos limites e satisfazer a procura de energia dentro da gama de fiabilidade desejada foram submetidos ao processo de otimização. Graças ao algoritmo desenvolvido, a otimização da dimensão energética de sistemas híbridos que satisfaçam as necessidades energéticas de diferentes regiões pode ser facilmente realizada. Verificou-se que o algoritmo pode alcançar a solução óptima num curto espaço de tempo [30,

31].

Os passos básicos do algoritmo heurístico híbrido abelha artificial/ant desenvolvido para a otimização da qualidade da energia na integração de energia híbrida solar/eólica renovável multidimensional e multimodal são os seguintes

Passo 1. Introduza o número de experiências, o número máximo de gerações e o número da população (N).

Passo 2. Introduza as informações da subestação.

Passo 3. Introduza: temperatura, quantidade de luz, velocidade do vento, dias de férias, plano de produção industrial, topologia do sistema, caraterísticas da unidade, restrições ambientais, restrições contratuais, preços de energia contratuais, potências nominais actuais da unidade, estados de funcionamento actuais da unidade, estados da energia armazenada, valores de energia solicitados, estados de ativação da energia solicitados, caraterísticas da unidade do quadro elétrico, dados de alteração da potência atual, dados de alteração da medição da energia atual, dados de alteração da ativação atual.

Passo 4. Gerar N cromossomas para a população inicial.

Passo 5. Gerar fontes de alimento aleatórias utilizando a Equação 1.

Passo 6. Repor os limites de não crescimento dos Recursos de nutrientes *(limite=0)*.

Passo 7. Definir o número total de barras, o número de linhas, o número de colunas e a profundidade da integração da rede.

Passo 8. Executar a função objetivo.

Passo 9. Calcular a adequação de cada solução.

Passo 10. Se for atingido o número máximo de gerações, identificar e armazenar o cromossoma que melhor se adapta à experiência.

Passo 11. Aumente o número de experiências se o número máximo de gerações for atingido, mas o número máximo de experiências não for atingido.

Passo 12. Recomeçar a experiência.

Passo 13. Se o número máximo de gerações não for atingido, passe à etapa 7.

Passo 14. Avance para o passo 21 se o número máximo de gerações e o número máximo de experiências forem atingidos.

Passo 15. Dividir o número N de cromossomas em grupos binários e cruzar.

Passo 16. Aplicar a mutação a N cromossomas.

Passo 17. Selecionar o melhor número N de cromossomas para a geração seguinte a partir dos cromossomas obtidos por N número de cromossomas, N número de cromossomas e N número de mutações.

Passo 18. Aumente o número de gerações em 1 e avance para o passo 7.

Etapa 19. Calcular os parâmetros do núcleo do número 3N de cromossomas quando a condição de turbulência não é satisfeita.

Passo 20. Identificar o melhor cromossoma de todas as experiências.

Passo 21. Calcular a média do melhor cromossoma de cada experiência.

Passo 22. Ver resultados; potência CA, fator de potência, frequência, perdas de potência.

Neste estudo, a energia, a qualidade da energia e as perdas de energia obtidas a partir de painéis fotovoltaicos em centrais de energia solar e de turbinas eólicas em centrais de energia eólica foram determinadas através da combinação do algoritmo da abelha e da formiga, que é um algoritmo de otimização intuitivo. Como área de estudo, foram selecionadas duas centrais de energia solar e duas centrais de energia eólica no distrito de Silifke, na província de Mersin, na Turquia. O algoritmo desenvolvido para a otimização da qualidade da energia é escrito na linguagem de programação C++, que é uma programação orientada para objectos. Foi também concebida uma interface visual para introduzir as restrições a utilizar no algoritmo e apresentar os resultados. A interface do programa de otimização da qualidade da energia eléctrica criada é apresentada na Figura 3.

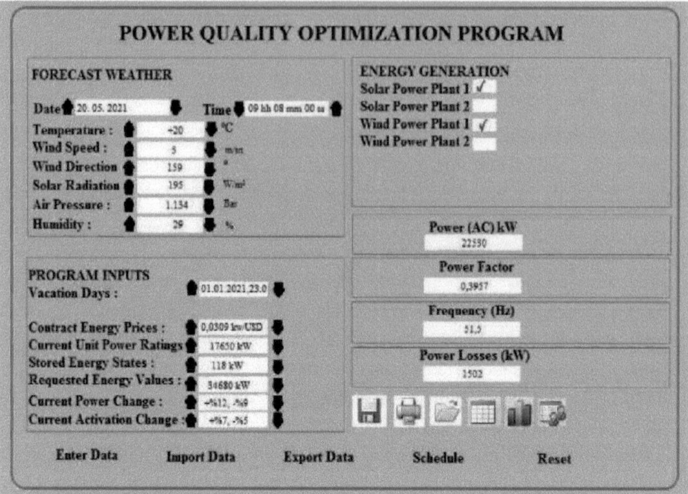

Figura 3: Interface do programa de otimização da qualidade da energia.

Os dados, incluindo a velocidade anual do vento e a radiação solar a utilizar na análise do estudo, foram obtidos nas estações de medição da Direção Provincial de Metrologia de Mersin. De acordo com estes dados horários anuais, os valores médios anuais de potência horária, a qualidade da energia e as perdas que podem ser produzidas pelos painéis fotovoltaicos utilizados na central de energia solar e pelas turbinas eólicas nas centrais de energia eólica são estimados com a ajuda de modelos matemáticos. Ao introduzir os dados no programa de otimização da qualidade da energia criado, foi estimada a potência CA produzida nas centrais de energias renováveis no espaço de 1 ano (8760 horas).

4. RESULTADOS E DISCUSSÃO

A saída de energia CA na interface do programa é apresentada na Figura 4.

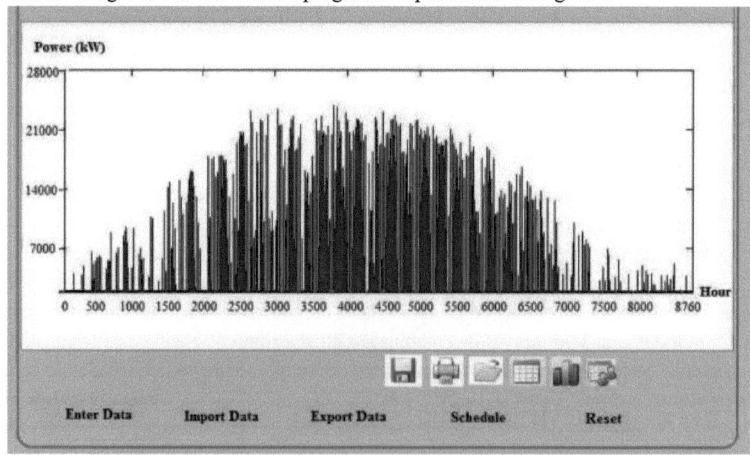

Figura 4: Saída de alimentação CA na interface do programa.

Como se pode depreender do programa criado, a energia produzida nas centrais solares nos meses de verão e a energia produzida nas centrais eólicas nos meses de outono e primavera é uma quantidade significativa. Através dos botões existentes na parte inferior da interface do programa, é possível obter os dados obtidos no programa criado, quer graficamente, quer em forma de tabela. A saída do fator de potência na interface do programa é apresentada na Figura 5.

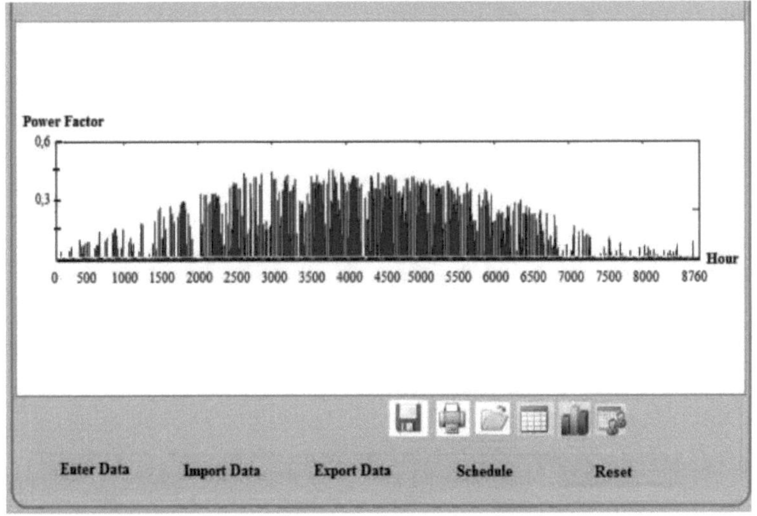

Figura 5: Saída do fator de potência na interface do programa.

A continuidade da energia produzida nas centrais solares durante o verão e a continuidade da energia produzida nas centrais eólicas durante os meses de outono e primavera são suficientes. Por este motivo, entende-se que a qualidade da energia eléctrica é suficiente durante estes meses. A continuidade da energia produzida nos outros meses não é suficiente. Por este motivo, verifica-se que a qualidade da energia eléctrica é baixa durante estes meses. Este problema de qualidade de energia é causado por tensões transitórias, curto-circuitos na rede, fenómenos naturais, desligamento da rede, alterações de carga, distorções de tensão, desequilíbrios, funcionamento com tensões diferentes da tensão nominal do sistema. As instalações de centrais solares fotovoltaicas têm o potencial de afetar significativamente a tensão da rede, especialmente as flutuações de tensão, a tremulação, a distorção harmónica e as perturbações de alta frequência. A saída de frequência na interface do programa é apresentada na Figura 6. A saída de perdas de potência na interface do programa é apresentada na Figura 7.

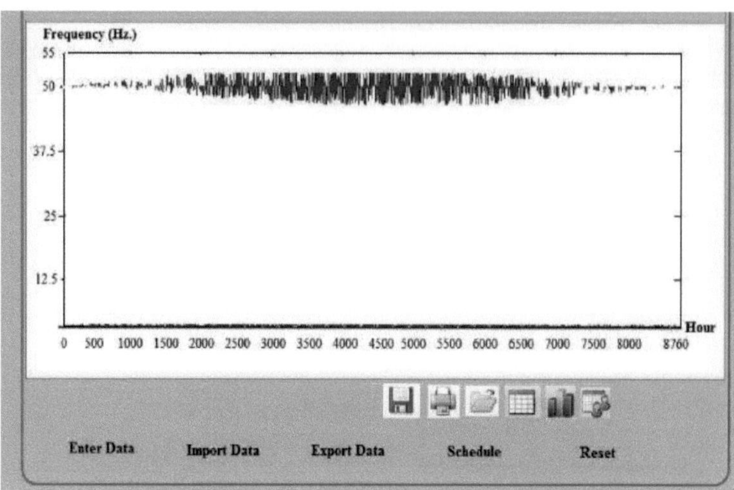

Figura 6: Saída de frequência na interface do programa.

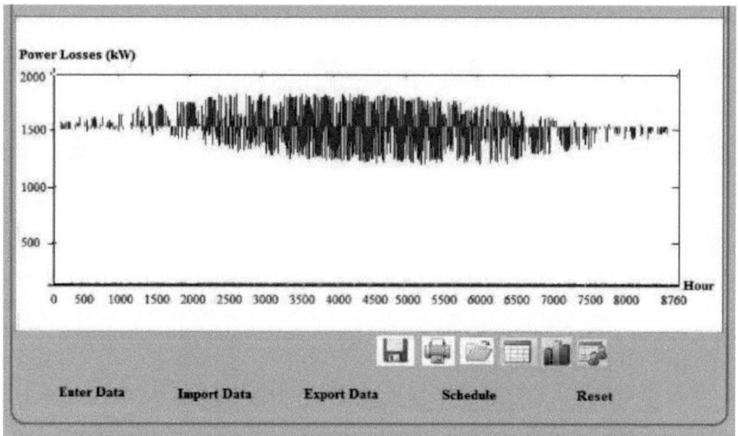

Figura 7: Perdas de potência apresentadas na interface do programa.

As alterações da frequência da energia são um dos factores mais importantes da qualidade. Os desequilíbrios na oferta e na procura de energia provocam oscilações de frequência. Por isso, nos sistemas ligados à rede, a frequência da rede e a frequência do sistema devem estar sincronizadas. Estas perdas são causadas por radiação, aerodinâmica, mecânica, sistema, inversores e transmissão de energia. Entende-se que essas perdas são maiores nos meses de verão, quando a energia é intensamente produzida. No estudo, a radiação solar, a temperatura, a velocidade do vento, a humidade, a temperatura do painel fotovoltaico e os valores de potência obtidos nas centrais foram medidos e registados durante 1 ano com as estações de medição estabelecidas em duas centrais de energia solar e duas centrais de energia eólica no distrito de Silifke, na província de Mersin. A estimativa da potência, a estimativa da qualidade da potência e a estimativa da perda de potência foram efectuadas utilizando o algoritmo heurístico híbrido abelha artificial/anti-abelha criado no grande conjunto de dados criado. A estimativa e a comparação do valor real da energia produzida são apresentadas na Tabela 1.

Tabela 1: Estimativa e comparação do valor real da energia produzida.

Tempo (hora)	Valor estimado (MW)	Valor real (MW)
500	6.1	6.5
1000	10.3	9.8
1500	12.7	12.1
2000	19.6	18.9
2500	21.3	20.7
3000	20.3	19.8
3500	18.6	17.4
4000	20.1	19.2
4500	18.3	17.8
5000	17.6	16.8
5500	16.5	15.7
6000	15.1	14.3
6500	11.3	10.3
7000	9.3	8.2
7500	6.1	5.8
8000	4.2	3.9
8760	4.1	3.7

A estimativa e a comparação do valor real da qualidade da energia produzida são apresentadas no Quadro 2.

Tabela 2: Estimativa e comparação do valor real da qualidade da energia produzida.

Tempo (hora)	Valor estimado (MW)	Valor real (MW)
500	0.11	0.1
1000	0.15	0.14
1500	0.32	0.3
2000	0.43	0.4
2500	0.44	0.4
3000	0.39	0.37
3500	0.39	0.36
4000	0.38	0.35
4500	0.39	0.38
5000	0.38	0.35
5500	0.37	0.34
6000	0.38	0.35
6500	0.28	0.24
7000	0.25	0.24
7500	0.15	0.15
8000	0.14	0.14
8760	0.12	0.11

A estimativa das perdas de energia e a comparação do valor real são apresentadas na Tabela 3.

Tabela 3: Estimativa das perdas de energia e comparação do valor real.

Tempo (hora)	Valor estimado (MW)	Valor real (MW)
500	1.55	1.65
1000	1.6	1.75

1500	1.75	1.84
2000	1.77	1.86
2500	1.8	1.94
3000	1.8	1.96
3500	1.79	1.82
4000	1.8	1.86
4500	1.81	1.86
5000	1.7	1.79
5500	1.55	1.62
6000	1.53	1.63
6500	1.52	1.63
7000	1.52	1.65
7500	1.5	1.68
8000	1.49	1.54
8760	1.47	1.52

As taxas de sucesso das previsões efectuadas com o algoritmo e o programa de computador criados são apresentadas na Figura 8, Figura 9, Figura 10 com gráficos e apresentadas comparativamente.

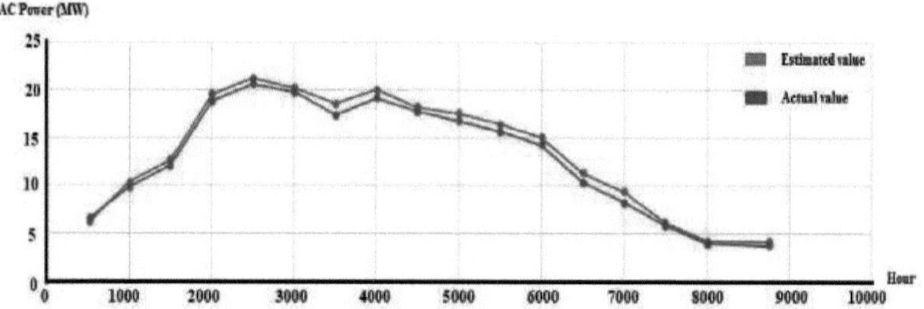

Figura 8: Estimativa do algoritmo e comparação do valor real da energia produzida

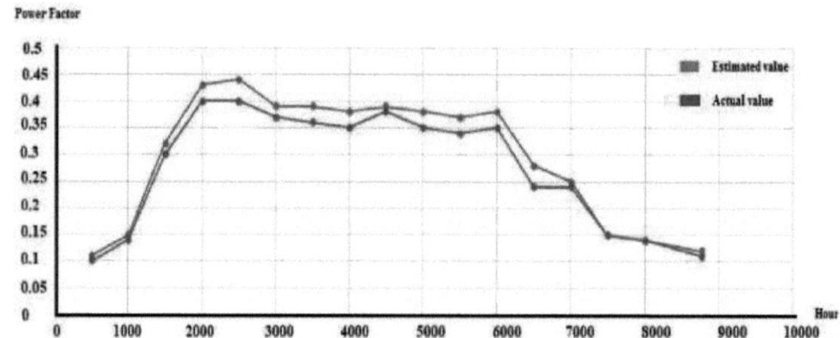

Figura 9: Estimativa do algoritmo e comparação do valor real da qualidade da energia produzida

Além disso, o modelo de algoritmo criado tomando como referência os dados da Direção de Meteorologia de Mersin foi treinado e as taxas de sucesso das previsões foram apresentadas em gráficos utilizando os dados reais das centrais eléctricas. Verificou-se que o algoritmo e o programa de computador criados são bem sucedidos.

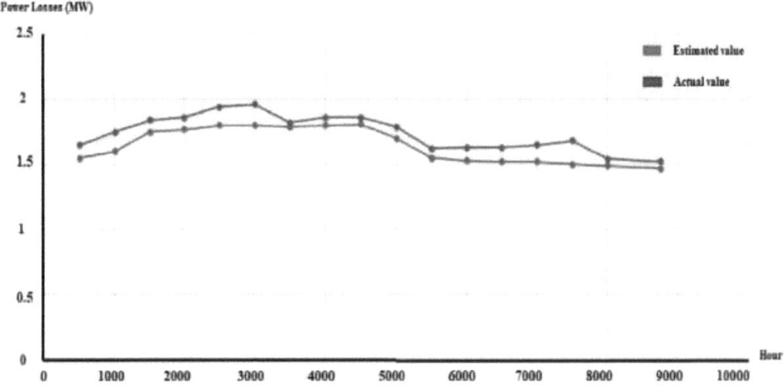

Figura 10: Estimativa do algoritmo de perdas de energia e comparação do valor real

CONCLUSÃO

As precauções a tomar para não reduzir a qualidade da energia eléctrica durante a integração da energia produzida em centrais híbridas de energia renovável solar/eólica no sistema são importantes para a eficiência do sistema e a segurança dos consumidores. A tensão e a frequência são dois parâmetros importantes da qualidade da energia eléctrica. É importante que estes estejam dentro dos padrões determinados e que sejam constantemente verificados. Para reduzir as perdas na linha, a regulação da tensão nas redes inteligentes foi optimizada utilizando o algoritmo heurístico híbrido abelha artificial/ant desenvolvido. Foi desenvolvido um programa de computador para prevenir os efeitos indesejáveis de eventos eléctricos que ocorrem durante a integração de fontes de energia renováveis e para fazer com que o sistema funcione de forma mais eficiente. A radiação solar, a temperatura, a velocidade do vento, a humidade, a temperatura do painel fotovoltaico e os valores de potência obtidos nas centrais eléctricas foram medidos e registados durante 1 ano com as estações de medição estabelecidas em duas centrais solares e duas centrais eólicas no distrito de Silifke da província de Mersin. A estimativa da potência, a estimativa da qualidade da energia e a estimativa das perdas de potência foram efectuadas utilizando o algoritmo heurístico híbrido abelha artificial/antiga criado no grande conjunto de dados criado. As taxas de sucesso das previsões efectuadas com o algoritmo criado e o programa de computador são mostradas em gráficos e apresentadas comparativamente. Além disso, foi treinado o modelo de algoritmo criado tomando como referência os dados da Direção de Meteorologia de Mersin. As taxas de erro foram baixas e as taxas de exatidão foram elevadas, como esperado. Verificou-se que o algoritmo e o programa de computador criados foram bem sucedidos. Este algoritmo e programa de computador, que determina a potência obtida em centrais híbridas de energias renováveis e a qualidade desta potência no mais curto espaço de tempo em termos de precisão e fiabilidade, será preferido em aplicações futuras.

CAPÍTULO 11

ANÁLISE DAS AVARIAS NOS TRANSFORMADORES DE POTÊNCIA

1. INTRODUÇÃO

Neste estudo, foram investigadas as falhas em Centros de Transformação na província de Mersin, distrito de Erdemli. As causas das falhas foram discutidas. O objetivo é criar um método para identificar as razões de possíveis falhas do transformador de potência. Os dados foram recolhidos através da investigação das falhas ocorridas nas subestações de Erdemli. Foram examinadas as estatísticas de avarias das 200 falhas de transformadores de potência ocorridas entre 2003 e 2019 no distrito de Erdemli, na província de Mersin. Foram dados exemplos de diferentes falhas de transformadores de potência na análise de falhas. Foram explicadas as razões das falhas dos transformadores de potência e as precauções a tomar.

O transformador é a parte mais cara e integrante dos sistemas de energia eléctrica. A eletricidade de baixa tensão e alta tensão transforma os transformadores num estado de baixa tensão e alta corrente, praticamente sem perda de energia [1, 2]. Os transformadores são os elementos complementares de muitos veículos eléctricos. Existem também 500 toneladas de transformadores. Os transformadores assumiram um papel fundamental na transmissão e distribuição de eletricidade [3, 4]. O trabalho nos últimos cinquenta anos centrou-se em vários materiais magnéticos e técnicas de produção que podem ser utilizados em transformadores [5, 6]. Atualmente, os estudos centram-se na melhoria das condições de funcionamento do transformador, na resposta em situações transitórias, na análise de possíveis danos e avarias, na economia e em novas concepções em conformidade. O transformador tem uma estrutura simples com caldeira, vaso de expansão, casquilho, radiadores de arrefecimento e ventiladores contendo enrolamentos com circuito magnético [7, 8]. As condições de ensaio dos transformadores são cada vez mais difíceis. Estas são grandes tensões de impacto, ciclos consecutivos, a impossibilidade de exceder certos níveis de ionização e ruído, bem como a determinação da probabilidade de falha por análise do óleo, arrefecimento direcional, distribuição da área, secagem especial [9, 10]. A principal tarefa dos sistemas de energia é fornecer energia da forma mais económica possível, com um nível aceitável de fiabilidade e qualidade para o utilizador final. A fiabilidade do sistema depende da fiabilidade dos elementos que o compõem. A prevenção de avarias e a operação dos transformadores em boas condições de funcionamento é muito importante nos sistemas de energia. A forma de evitar avarias muito graves nos transformadores de potência e de os prevenir de graves problemas financeiros e técnicos causados por essas avarias depende da disponibilização de um ambiente de trabalho com as ferramentas e equipamentos dotados dos dispositivos técnicos adequados [10, 11]. Neste estudo, foram investigadas as avarias nos Centros de Transformação do distrito de Erdemli, na província de Mersin. As causas das falhas são discutidas.

2. INVESTIGAÇÃO DE FALHAS EM CENTROS DE TRANSFORMAÇÃO NO DISTRITO DE ERDEMLI

A vida útil dos transformadores de potência é de 25 a 30 anos, de acordo com a sua conceção. Na prática, a vida útil de um transformador pode ser prolongada até 50 anos com uma manutenção adequada. Devido aos problemas relacionados com o processo de fabrico dos transformadores de potência, estes falham nos primeiros cinco anos de funcionamento ou em períodos de vida após os vinte anos, dependendo da manutenção e dos controlos aplicados na operação. À medida que os transformadores envelhecem, o risco de falha aumenta com o enfraquecimento do material. Os níveis de isolamento podem diminuir até um nível que não pode resistir a falhas, tais como falhas de curto-circuito no sistema ou sobretensões transitórias. Nas inspecções realizadas nas subestações, verifica-se que, como se pode ver na Figura 1, um transformador de potência sem manutenção preventiva explodiu devido à deterioração do papel isolante. mostra um transformador que sofreu um desastre.

Figura 1. Transformador de potência explodido sem manutenção preventiva

Os testes e a manutenção devem ser efectuados regularmente para evitar problemas no sistema de energia e garantir o funcionamento seguro dos transformadores. Apesar disso, os transformadores de potência têm problemas. Devem ser tomadas medidas preparadas e preventivas na classificação das falhas. Os dados devem ser recolhidos de forma saudável. Na investigação de falhas de transformadores de potência, deve ser estabelecida a metodologia das causas mais prováveis de qualquer falha de transformador detectada no sistema. Devem ser fornecidas amostras de falhas e eventos e deve ser determinado o procedimento para a recolha de dados de rotina e uniforme. Deve ser estabelecido um roteiro a ser seguido na análise de falhas em transformadores de potência. O reconhecimento precoce do problema no transformador atrasa o processo de desenvolvimento do problema. Pode ser necessário elaborar um conteúdo de exame muito completo para examinar e identificar um defeito com todos os seus pormenores. A investigação começa com a suspeita do funcionamento dos relés de proteção ou do desempenho do transformador em caso de falha do transformador. As conclusões explicativas do estado de avaria são cuidadosamente recolhidas. A informação sobre a avaria deve ser partilhada de forma saudável. Existem fases de preparação da análise de avarias, testes, exame e edição do relatório final. A informação sobre a avaria na fase de preparação é recolhida rapidamente, o documento é recolhido. A análise externa consiste na análise interna e na abertura do transformador. São recolhidos registos históricos e informações sobre o transformador a examinar. São obtidas informações sobre a aplicação e o funcionamento. O pessoal é entrevistado. São analisados os registos e relatórios do histórico do transformador. Elaboração do relatório preliminar. O relatório preliminar é revisado e o relatório final é elaborado. Após a energização ou energização do transformador, são registados os sinais pertencentes aos equipamentos de proteção. O fabricante deve ser informado sobre o defeito. Durante a fase de preparação, é necessário consultar o manual de operação do transformador, os relatórios de ensaio do transformador, os relatórios de ensaio da fábrica, os ensaios de campo, os relatórios de ensaio de rotina, os diagramas unifilares da subestação, os projectos de proteção/secundária, os relatórios relacionados com estudos anteriores ou condições de falha, as configurações dos sistemas de proteção e medição, é composto por fita métrica, vestuário de proteção, óculos de campo, óculos de segurança, lentes, holofote, lanterna, íman, garrafa e seringa de amostra de óleo, medidor de oxigénio.Na fase de análise no terreno, o fotógrafo deve tirar fotografias do transformador defeituoso, fazer uma inspeção visual, tomar as notas necessárias e obter as informações através da aplicação dos ensaios necessários. Antes dos ensaios de diagnóstico do transformador, deve-se verificar se o transformador está desligado do sistema e dos pontos de fonte auxiliar e se está devidamente ligado à terra. Nos ensaios eléctricos, devem ser retirados os gases inflamáveis e tomadas as precauções de segurança. Foram efectuados ensaios de resistência de isolamento entre o enrolamento, a terra do enrolamento, a terra de todos os enrolamentos, a terra do núcleo. A relação de enrolamento foi examinada e o isolamento auxiliar e o ponto de dano foram determinados. O fator de potência foi examinado e o isolamento principal foi controlado. A resistência DC do enrolamento foi examinada para determinar o isolamento auxiliar e o ponto de dano. A resistência dieléctrica do óleo foi investigada e o ponto de dano foi determinado. Foram examinados os sinais de aviso, os impulsos de baixa tensão, a análise da impedância e da resposta em frequência e foram fornecidos os danos mecânicos, a deteção de danos e o controlo do isolamento auxiliar. O ensaio de tensão de indução é examinado e é fornecido um controlo auxiliar de isolamento. As medições da resistência do enrolamento asseguram que é efectuada uma ligação correta. Se houver uma condição de circuito aberto ou uma ligação de alta resistência em enrolamentos de condutores paralelos, a deteção é fornecida. Este ensaio é aplicado para determinar o movimento mecânico dos enrolamentos como resultado do ensaio de impulso de baixa tensão, curto-circuito ou transmissão do transformador. A descarga parcial com ensaio de tensão induzida é determinada de forma isolada. Com o ensaio de alto potencial, são determinadas as pressões básicas do isolamento principal. Como se pode ver na Figura 2, nos enrolamentos do transformador nos centros de transformação, o enrolamento das bobinas, os enrolamentos resultam num curto-circuito nos enrolamentos devido à tensão e às forças radiais.

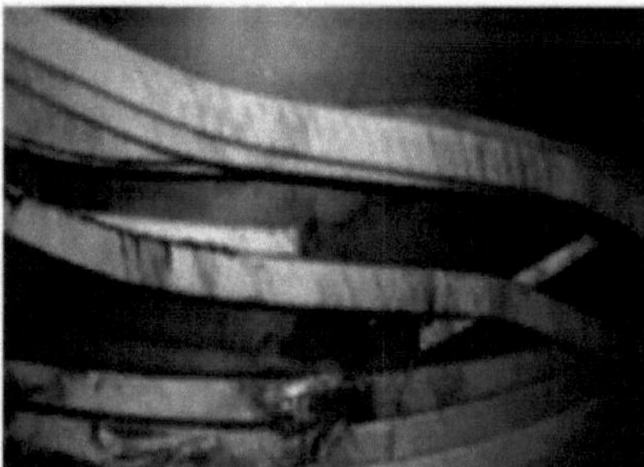

Figura 2. Os enrolamentos resultam num curto-circuito nos enrolamentos devido à tensão e às forças radiais

As cinzas brancas, as cinzas da caixa de combustão e os restos sólidos da bucha queimada são apresentados em
Figura 3.

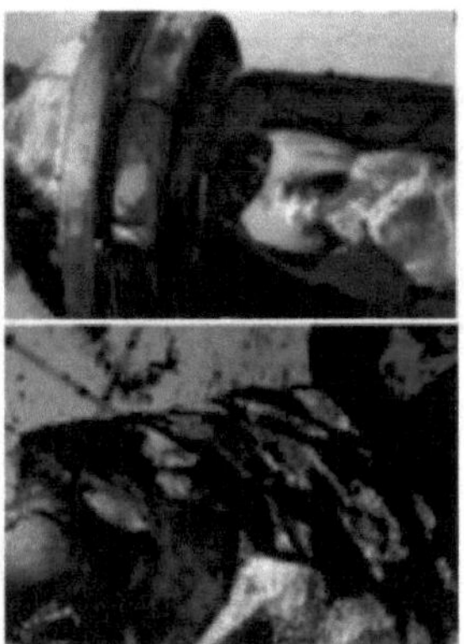

Figura 3. Cinzas brancas, cinzas da caixa de combustão e restos sólidos do casquilho queimado

No ensaio de análise da resposta em frequência, foram determinadas as distorções mecânicas que poderiam ser causadas por defeitos de curto-circuito nos enrolamentos. Na medição da rigidez dieléctrica, foi determinada a tensão mínima de punção do isolamento líquido entre dois eléctrodos metálicos. Uma baixa rigidez dieléctrica indica que o isolamento líquido está contaminado ou que a água, o carbono e outras impurezas estão presentes. A tensão de punção da superfície interna do óleo é definida como a flexão da bolha de água na película de óleo. O aumento da perfuração da superfície indica que o óleo está a envelhecer. Durante as falhas de arco, corona e alta temperatura que ocorrem no transformador, as moléculas de óleo são desintegradas e alguns gases são libertados. Estes gases dissolvem-se no óleo ao longo do tempo. A fração insolúvel acumula-se no relé bucholz. O hidrogénio (H_2), o metano (CH_4), o acetileno (C_2H_2), o etileno (C_2H_4), o etano (C_2H_6) e o monóxido de carbono (CO), o dióxido de carbono (CO_2), o azoto (N_2) e o oxigénio (O_2) são determinados no gás do óleo. As intensidades, rácios e totais destes gases fornecem dados importantes sobre as falhas dos transformadores. Após determinar a exatidão dos resultados, são investigadas outras fontes de formação de gás. Por esta razão, os valores de gás são recalculados, removendo os valores anteriores dos valores de gás actuais e reinterpretando-os de acordo com a nova situação. A inspeção interna determinará a localização da falha como garantida e determinará o tamanho do dano. Um nível de óleo baixo faz com que a contaminação se espalhe, o núcleo e a bobina entrem em funcionamento. Se houver contaminação ou sujidade na superfície do óleo, esta poluição deve ser eliminada. O defeito do tanque do transformador é apresentado na Figura 4.

Figura 4. Defeito no tanque do transformador

3. ESTATÍSTICAS DE FALHAS EM CENTROS DE TRANSFORMADORES DO DISTRITO DE ERDEMLI Foram examinadas as estatísticas de falhas das 200 falhas de transformadores de potência ocorridas entre 2003 e 2019 no distrito de Erdemli, na província de Mersin. As estatísticas de causa de falha dos transformadores de potência no distrito de Erdemli são obtidas como na Figura 5.

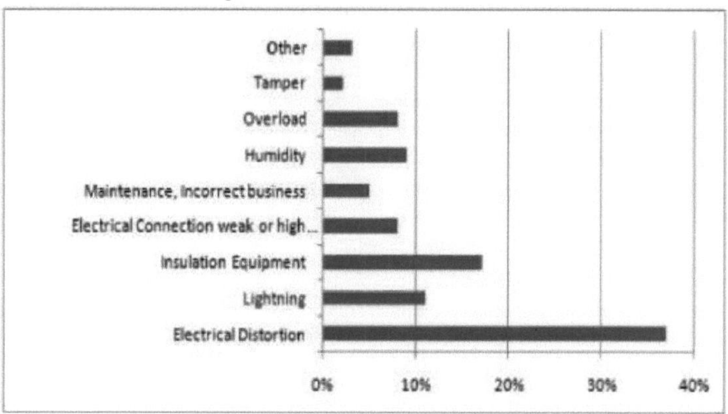

Figura 5. Estatísticas das causas de avaria dos transformadores de potência no distrito de Erdemli

As estatísticas do tipo de avaria dos transformadores de potência no distrito de Erdemli são apresentadas na Figura 6.

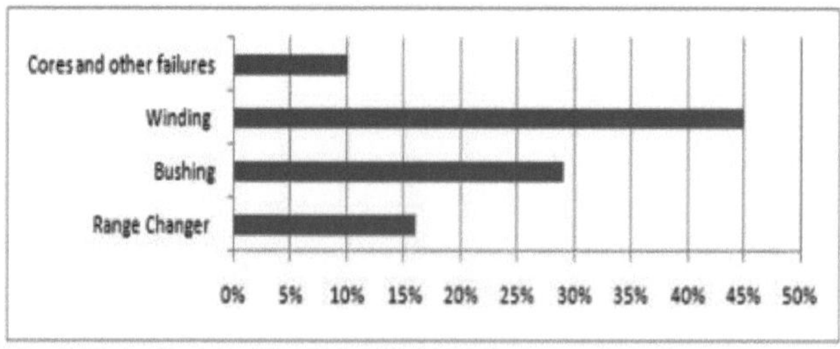

Figura 6. Estatísticas do tipo de avaria dos transformadores de potência no distrito de Erdemli

4. ANÁLISE E PREVENÇÃO DE FALHAS EM CENTROS DE TRANSFORMAÇÃO DO DISTRITO DE ERDEMLI

A fim de evitar disfunções, devem ser feitas observações saudáveis. As informações recolhidas ou obtidas devem ser sistematicamente analisadas. A informação analisada deve ser comparada com defeitos ou problemas conhecidos. As hipóteses introduzidas na análise de falhas devem ser verificadas pela informação recolhida e por outros equipamentos do sistema. Os estudos devem ser apoiados por ensaios laboratoriais. As avarias provocadas por factores mecânicos são causadas pela falha do isolamento celulósico em consequência da deterioração do aspeto físico por desgaste, dilatação e boom. A deformação do enrolamento é a que ocorre com o efeito de forças electromagnéticas ou durante o transporte. Em caso de efeito radial das forças electromagnéticas no sentido exterior, provoca o afrouxamento dos condutores. Isto faz com que os condutores sejam isolados ou separados do isolamento. Isto também faz com que os condutores se partam com o alongamento, excedendo assim o limite de elasticidade do material. Com o efeito interno das forças radiais, provoca uma falha mecânica no cilindro de torção ou de enrolamento. O isolamento de papel no enrolamento será rompido ao dobrar o condutor no enrolamento, como resultado do contacto dos condutores próximos uns dos outros, ocorrerá uma falha de curto-circuito e transformar-se-á numa falha eléctrica. Na direção oposta, as forças na direção axial são afectadas pelo centro do enrolamento. As forças na direção axial na direção oposta fazem com que os pontos de suporte se dobrem ou partam, ou fazem com que a parte curvada se desengate e corte ou corte. Isso faz com que os condutores do enrolamento se desloquem axialmente. No caso de falha axial interna, o sistema de retenção é transformado numa falha mecânica devido ao movimento relativo entre si na direção vertical, na direção oposta ao enrolamento. Pode ocorrer a combinação das forças axiais e radiais e a compressão covalente dos enrolamentos internos. A falha ocorreu quando os condutores escorregaram do centro do enrolamento e se dispersaram no espaço radial. Por vezes, os transformadores podem apresentar folgas, rupturas, desgaste e má ligação no início da ligação. Desta forma, as extremidades ou os elementos de suporte que deixam os enrolamentos com uma ligação fraca provocam um mau funcionamento. O impulso de um raio pode transformar o transformador. Neste tipo de avarias, a resistência de isolamento do transformador e a conformidade do para-raios com a tensão de punção devem ser verificadas com a coordenação de isolamento. Nos transformadores operados sob sobretensão temporária e contínua, a sobrepressão no isolamento e o sobreaquecimento do núcleo provocam avarias. No caso de avarias devidas à tensão de impacto e à tensão de comutação, verifica-se que o transformador ocorre no ponto de ligação do enrolamento com o casquilho do transformador. A descarga parcial, também designada por corona, deve-se à conceção de um sistema de isolamento deficiente, a um fabrico defeituoso e à poluição do isolamento. A descarga parcial também produz um arco de baixa densidade. Danificam localmente o isolamento e os condutores. No caso de uma condição de funcionamento em que o óleo de isolamento do transformador está a uma temperatura bastante baixa, a carga estática ocorre entre o óleo e as partes metálicas quando o óleo condensado se move rapidamente. Esta carga estática provoca falhas graves no tanque do transformador se o óleo isolante exceder a capacidade dieléctrica.

Sistema de alta-frequência

As tensões de isolamento geram normalmente tensões dieléctricas na sua ordem perto dos pontos de ligação do transformador. No caso de uma falha do sistema de isolamento, a corrente flui para as partes vivas sob a forma de uma punção dieléctrica. Os condutores nus são os possíveis pontos de partida da descarga parcial e da punção, especialmente se existirem arestas vivas que estejam profundamente irritadas ou esquecidas nos condutores nus. Materiais de isolamento; humidade, contaminação por partículas condutoras ou solventes químicos, envelhecimento térmico, descargas parciais (corona) e danos mecânicos ou vibração devido ao enfraquecimento devido à tarefa não podem. As falhas dieléctricas são, na verdade, o resultado de factores mecânicos, térmicos ou químicos ou da combinação destes. Estas deficiências de isolamento desenvolvem-se no deslizamento ou no funcionamento normal, as arestas vivas nas cavidades radiais utilizadas nos transformadores antigos provocam danos no isolamento dos condutores. A grande capacidade e a pequena capacidade contra o solo e as grandes pressões de tensão entre as extremidades do enrolamento com o fim das ligações da linha ocorrem. O aumento normal da temperatura devido ao carregamento do transformador e as condições de trabalho a que será exposto nas condições do local reduzem termicamente o isolamento. Como resultado da redução térmica, a resistência física perde-se no isolamento. As falhas térmicas ocorrem devido a falhas causadas pelo sistema de arrefecimento do transformador. A longo prazo, o transformador é sobrecarregado acima da sua capacidade de projeto. O bloqueio das áreas horizontais dos reservatórios de óleo e uma quantidade limitada de óleo no caso de contacto direto com os enrolamentos cria uma falha térmica. O transformador sobreaquece devido à operação de sobre-excitação. As falhas térmicas podem ocorrer como resultado do funcionamento contínuo do transformador em condições de humidade extrema. A ligação à terra do núcleo de terra a terra, o curto-circuito nos suportes do núcleo, a elevada resistência nas ligações dos enrolamentos, o salto, etc., podem provocar falhas eléctricas. Defeito nos transformadores auxiliares, bombas e ventiladores. Verificou-se que as sobretensões provocadas por descargas atmosféricas quebram as cabeças de enrolamento nos enrolamentos. Com tensões normais de funcionamento, o casquilho funciona normalmente, mas as sobretensões subsequentes podem provocar descargas. Tais falhas nos casquilhos são evitadas através da adição de cornos de arco. As buzinas de arco devem ser mantidas afastadas do casquilho e o arco deve ser mantido afastado do casquilho. Quando o ponto neutro do transformador não está ligado à terra, podem ocorrer sobretensões de manobra superiores às sobretensões. O fluxo excessivo e desequilibrado devido à saturação do núcleo completa o espaço fora do núcleo, tanto o núcleo como o sobreaquecimento na construção irão causar. Materiais isolantes como papel, laca, etc. são quebrados entre as placas do núcleo. A caldeira solda os parafusos nas placas de compressão do núcleo. Os harmónicos da corrente de magnetização provocam o sobreaquecimento do condutor do enrolamento devido ao evento de pele e causam danos no isolamento de papel. Alguns pontos quentes queimam o óleo do transformador quando este completa o circuito do excesso de fluxo, do núcleo e da construção. A corrente de magnetização excessiva provoca a formação de gás devido ao aquecimento da bobina. A indutância relativamente elevada dos transformadores e reactores nos sistemas de energia eléctrica e as capacitâncias dispersas dos sistemas de transmissão fazem com que as condições de ferrorressonância ocorram facilmente. Os ferrorressonâncias resultam da abertura e do fecho de um disjuntor ou interrutor, quer os contactos do disjuntor ou do interrutor sejam ligados ou desligados ao mesmo tempo, quer um fusível se queime ou um condutor de linha se avarie. As avarias nas buchas apresentam-se sob a forma de descarga superficial e perfuração do isolamento. Ligeiras queimaduras no isolador resultam do salto de casquilhos feitos de papel duro ou resina epóxi. Estas falhas nos casquilhos podem ser evitadas através da adição de cornos de arco. O nível de óleo deve ser verificado de vez em quando no indicador de óleo envidraçado no topo do casquilho. Os casquilhos defeituosos devem ser substituídos por novos. As descargas eléctricas vão da ponta dos fios até às partes ligadas à terra. Se os fios soltos estiverem parcialmente húmidos, formarão uma ponte entre as partes energizadas e as partes ligadas à terra e causarão uma perfuração. Esta condição será reduzida ao mínimo quando fixada através da impregnação dos filamentos com resina. O vento, a poeira e a humidade entram no transformador durante a observação e a manutenção e fazem com que o óleo seco fique sujo e húmido. Os filamentos nos enrolamentos absorvem e absorvem o pó e o óleo húmido. Como resultado, o campo elétrico é ligado e o óleo é perfurado. Isto provoca simultaneamente a oxidação do óleo.

5. CONCLUSÕES

Quando os transformadores de potência falham, causam grandes perdas de produção e grandes perdas de material nas empresas que utilizam energia. Foram compreendidas as falhas dos transformadores de potência, a conceção incorrecta, os defeitos de fabrico, a má qualidade dos materiais, as condições de funcionamento anormais, as técnicas de manutenção e de ensaio inadequadas, o funcionamento incorreto e as técnicas não normalizadas. No distrito de Erdemli, na província de Mersin, o procedimento a utilizar na análise de falhas foi introduzido na investigação das falhas dos transformadores de potência utilizados nos sistemas de transmissão eléctrica. Foi estabelecida uma metedologia sobre as causas de possíveis falhas nos transformadores utilizados nas empresas. Foi estabelecido um tipo de procedimento de recolha de dados rotineiro e uniforme para investigar as avarias dos transformadores utilizados no sistema de transmissão. Entre 2003 e 2019, foram examinadas 200 avarias de transformadores eléctricos no distrito de Erdemli, em Mersin, e foram geradas estatísticas de avarias.

CAPÍTULO 12

CONCEPÇÃO DO NÚCLEO DO TRANSFORMADOR DE POTÊNCIA UTILIZANDO

ALGORITMO DE OPTIMIZAÇÃO HÍBRIDO FORMIGA/FIREFLY CRIADO

1. INTRODUÇÃO

Uma das questões importantes nos países em desenvolvimento e desenvolvidos é a utilização eficiente dos recursos energéticos. São os transformadores utilizados nas fases de produção, transmissão e distribuição da máquina eléctrica que consome mais eletricidade. A sua importância e funcionalidade em termos de eficiência energética é cada vez maior devido à transferência de grandes potências através da fase de transmissão e distribuição da energia eléctrica. Neste estudo, tentou-se reduzir as perdas magnéticas e o custo do material do núcleo utilizando o algoritmo híbrido formiga/firefly criado para otimizar a forma do núcleo. A geometria do núcleo foi projectada com a ajuda do algoritmo híbrido formiga/firefly e os resultados foram avaliados. Assim, tentou-se obter a forma mais óptima dos núcleos. Para o núcleo projetado, todos os parâmetros do transformador são tidos em conta. Ao otimizar a geometria do núcleo magnético com o algoritmo híbrido ant/firefly desenvolvido, as perdas magnéticas e o custo do material magnético utilizado são reduzidos. Assim, a redução das perdas magnéticas permitiu aumentar o desempenho magnético. Ao mesmo tempo, o custo do transformador diminuiu e o peso do transformador diminuiu com a diminuição da utilização de material magnético.

A produção de eletricidade é feita em três fases a tensões de 13,2 kV ou superiores. A transmissão de energia é efectuada a altas tensões de 110, 132, 275, 400 e 750 kV. Por conseguinte, são necessários transformadores que aumentam a tensão para fornecer a tensão gerada à linha de transmissão. Estas tensões de transmissão são reduzidas para tensões de distribuição de 6600, 4600 e 2300 volts e depois para tensões de funcionamento de 440, 220 ou 120 volts. Os sistemas de transformadores são utilizados no transporte da eletricidade produzida nas centrais eléctricas para as cidades e na distribuição eficiente da mesma para as casas. A eficiência é importante nos sistemas de transformadores sem partes móveis e que funcionam de forma estável. Melhorar as propriedades dos materiais ferromagnéticos na estrutura do transformador, reduzir as dimensões do material, remover os materiais estranhos na estrutura, alterar a geometria do núcleo são os principais processos para aumentar a eficiência [1, 2]. Algumas das perdas nos sistemas de transformadores são devidas ao comportamento de indução magnética do material ferromagnético utilizado. Quando o comportamento do material frente ao campo magnético é determinado, pode-se entender se o material é adequado para a fabricação do transformador [3, 4]. Neste estudo, a forma do núcleo foi optimizada utilizando o algoritmo híbrido ant/firefly desenvolvido. Assim, as perdas magnéticas e o custo do material do núcleo foram reduzidos e foi tentada a obtenção de uma nova forma de núcleo.

2. NÚCLEO DO TRANSFORMADOR

O núcleo do transformador é feito de cristais estirados a frio e orientados. Devido a perdas, mão de obra e razões económicas, o núcleo é feito de fios de 0,35 mm de espessura. Estes pêlos são cortados com zero rebarbas e dimensionados de acordo com o tamanho desejado com máquinas de corte modernas [4, 5]. É possível formar os núcleos em qualquer forma, incluindo o corte em degrau, o corte sobreposto, o corte a 90°, o corte perfurado e o corte sem orifício. Um dos lados destes pêlos é coberto com uma camada isolante (lac, papel, carlit, etc.). A secção do núcleo é fabricada em função da potência do transformador. A bobina do núcleo e o conjunto da cobertura são projectados para resistir às forças mecânicas de curto-circuito prescritas [5, 6]. No caso dos transformadores standard, a parte ativa, incluindo a tampa, é fixada à caldeira por meio de parafusos. Todos os parafusos e as buchas de arco da bucha de AT na tampa são feitos de material revestido especial que pode ser inoxidável ou resistente à corrosão. As estruturas do núcleo dos transformadores são feitas sob a forma de quadrado na Figura 1a, retangular na Figura 1b e na Figura 1c, de acordo com o seu tamanho. Na Figura 1d, a laminação do tipo de invólucro EI, na Figura 1e, a laminação do tipo de núcleo EI, na Figura 1f, e a laminação do tipo de núcleo UI, na Figura 1g, são apresentadas. Desta forma, o espaço de ar é fornecido entre os enrolamentos e os pés para arrefecimento. Os canais de arrefecimento são abertos para os transformadores de grande potência. O feixe de fios que forma o núcleo é dividido em pequenos pacotes com folhas de papel finas feitas de celulose pura para reduzir as perdas. Depois de o núcleo ser compactado com placas de compressão, o epóxido é envolvido com tiras de fibra de vidro impregnadas com resina artificial.

Estas bandas são depois tensionadas com fechos aparafusados. 30% das perdas totais nas redes de energia ocorrem nos transformadores de distribuição. 70% desta perda é consumida como perda de núcleo. Uma vez que a rede constitui a maior parte das suas perdas, os trabalhos que aumentam a eficiência dos transformadores são geralmente efectuados sobre as perdas no núcleo (perdas em vazio) [7-9]. A força do eletromotor é dada na Equação 1. O fluxo máximo no núcleo é dado na Equação 2.

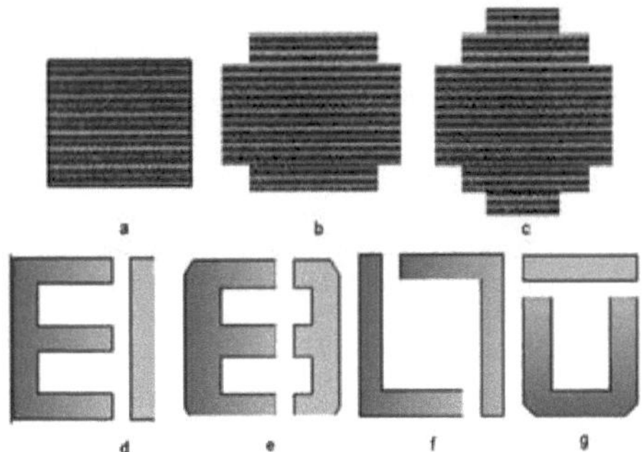

Figura 1. Vários tipos de núcleos

$$E_{rms} = \left(\frac{N.\omega}{\sqrt{2}}\right).\Phi_{max} \quad (1)$$

$$\Phi_{max} = \left(\frac{E_{rms}}{N.\omega}\right).\sqrt{2} \quad (2)$$

E_{rms} é a força eletromotriz, N é o número de enrolamentos da bobina, ro é a frequência angular e Φ é a quantidade de fluxo em webers. A área da secção transversal do núcleo (A) é dada na Equação 3. A é a área da secção transversal do núcleo, B é a densidade do fluxo magnético e f é a frequência.

$$A = \Phi_{max} / \beta \quad (3)$$

O fator de espaço da janela para um transformador trifásico com núcleo é dado na Equação 6.

a1 é a área seccional dos condutores de baixa tensão, a2 é a área seccional dos condutores de alta tensão, N1 é o número primário de espiras, N2 é o número secundário de espiras, Aw é a área da janela, I1 é a corrente primária, I2 é a corrente secundária, 5 é a densidade de corrente admissível e Q é a potência nominal em KVA.

$$K_w = \frac{2.(a_1.N_1 + a_2.N_2)}{A_w} \quad (4)$$

Colocar o valor da equação de a1 e a2 na Equação 4. Obtém-se a igualdade 5 e 6.

$$K = \frac{2.(I_1/_\delta.N_1 + I_2/_\delta.N_2)}{A_w} \quad (5)$$

$$K = \frac{4.I_1.N_1}{\delta.A_w} \quad (6)$$

$$Q = 4{,}44.f.A_i.B_m.N_1.I_1.10^{-3} \quad (7)$$

Coloque o valor da equação N1.I1 da Equação 6 na Equação 7. Obtém-se a igualdade 8 e 9.

$$Q = 4{,}44.f.A_i.B_m.\frac{\delta.K.A_w}{2}.10^{-3} \quad (8)$$

$$Q = 2{,}22.f.A_i.B_m.\delta.K.A_w.10^{-3} \quad (9)$$

O fator de espaço de janela para o transformador trifásico do tipo casco é dado na Equação 2.

$$Q = 6{,}66.f.A_i.B_m.\delta.K.A_w.10^{-3} \quad (10)$$

Para um núcleo quadrado, a área bruta e a área real do ferro são obtidas na Equação 11. d é o diâmetro do círculo circunscrito.

$$Grossarea = 0{,}5.d^2$$

$$Actualironarea = 0{,}45.d^2 \quad (11)$$

A largura da janela (W) é obtida pela Equação 12.

$$W = D - d \quad (12)$$

A altura da janela (L) é obtida pela Equação 13.

$$L = A_w/_W \quad (13)$$

Neste estudo, a geometria do núcleo é concebida no processo de otimização do núcleo, utilizando o algoritmo intuitivo híbrido desenvolvido.

O volume de ferro no núcleo (V, m3) é obtido pela Equação 14.

$$V = 3.L.A_i \quad (14)$$

O peso do ferro no núcleo (W) é obtido na Equação 15. ρi é a densidade do ferro (kg/m3).

$$W = \rho.3.L.A_i \quad (15)$$

A perda total de ferro (TL) é obtida na Equação 16. pi é (watt/kg) correspondente à densidade de fluxo Bm no núcleo. py é a perda específica de ferro correspondente à densidade de fluxo na bobina.

$$TL = p_t . \rho .3 L . A_t + p_y . \rho .2 W . A_y \quad (16)$$

3. ALGORITMOS DE OPTIMIZAÇÃO HÍBRIDOS FORMIGA/FIREFLY

As feromonas, que as formigas utilizam para encontrar o caminho mais curto, são uma espécie de secreção química que alguns animais utilizam para influenciar outros animais da sua própria espécie [10]. Quando as formigas se deslocam, deixam as feromonas que armazenaram nos caminhos que atravessaram. Preferem o caminho onde a feromona é mais provável de ser menor. O seu comportamento instintivo explica como encontram o caminho mais curto para a comida, mesmo que um caminho pré-existente não esteja disponível [11]. Considerando que cada formiga deixa a mesma quantidade de feromona à mesma velocidade. Pode demorar um pouco mais do que o processo normal se a formiga reconhecer a barreira e escolher o caminho mais curto. Cada formiga adopta uma política de tomada de decisão passo a passo a partir do nó de origem e cria uma solução para o problema. Em cada nó, a informação local é armazenada no próprio nó ou os arcos que saem desse nó são lidos pela formiga [12]. O passo seguinte consiste em decidir qual o nó a utilizar quando se desloca de forma aleatória. O comportamento natural das formigas é apresentado na Figura 2.

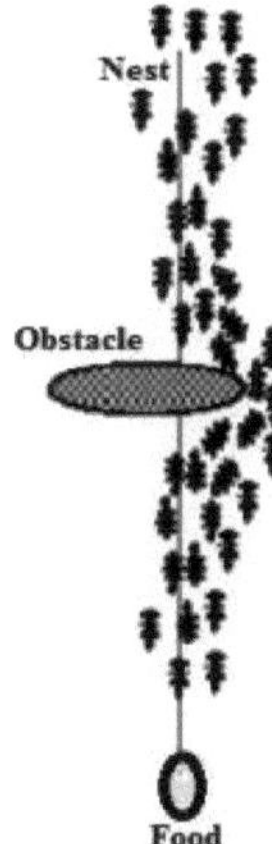

Figura 2. Comportamento natural das formigas

Uma formiga atinge o nó a partir do nó até atingir o nó de destino, completa o seu movimento para a frente e volta ao modo de movimento [13, 14]. As potencialidades de otimização através do comportamento da colónia de formigas e durante a análise percebeu-se que as formigas são capazes de encontrar o caminho mais curto para alcançar o alimento do ninho que pode ser usado na resolução de problemas complexos [15]. Os pirilampos emitem normalmente uma luz intermitente em intervalos curtos. O ritmo de intermitência desta luz faz parte do sistema de sinalização que permite aos pirilampos encontrarem-se e distinguirem-se de outros insectos que emitem luz. A velocidade, a frequência e o tempo antes de os pirilampos responderem uns aos outros têm um significado especial [16, 17]. O método de otimização desenvolvido com base nesta lógica que determina os padrões de sobrevivência dos pirilampos é designado por algoritmo dos pirilampos [18-20]. O algoritmo intuitivo baseado na população recomendado para otimizar funções multi-modelo. O método de otimização da manada de pirilampos foi desenvolvido através da observação e imitação dos comportamentos sociais dos pirilampos [21-23]. O comportamento natural dos pirilampos é apresentado na Figura 3.

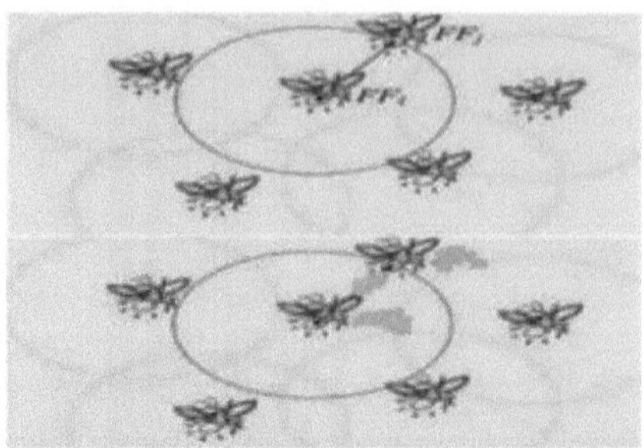

Figura 3. Comportamento natural dos pirilampos

O principal objetivo da utilização deste método é captar todos os máximos locais. Em problemas de otimização de funções multi-modelo, a diferença mais importante entre a otimização da manada de pirilampos e as abordagens anteriores é a área de decisão dinâmica utilizada pelos indivíduos da manada que colocam eficientemente múltiplos picos. Cada indivíduo da manada utiliza a área de decisão para selecionar os seus vizinhos e determina o seu movimento através da força do sinal que recebe dos seus vizinhos. Estudos de meta-heurísticas têm possibilitado o aprimoramento de técnicas de otimização que têm como objetivo fornecer soluções de alta qualidade para sistemas complexos [24]. No algoritmo híbrido gerado, foi realizada a modelagem matemática do comportamento das colônias de formigas e vagalumes. Este método foi utilizado para resolver os problemas contínuos e descontínuos no projeto do núcleo do transformador de potência, imitando o comportamento natural das formigas e vagalumes. Otimização híbrida de formigas e pirilampos gerados; Trata-se de uma técnica de otimização híbrida que é utilizada como resultado da monitorização dos caminhos utilizados pelas formigas entre as fontes de alimento e os ninhos e da avaliação da intensidade luminosa dos pirilampos.

4. PROJECTO DO NÚCLEO DO TRANSFORMADOR DE POTÊNCIA UTILIZANDO UM ALGORITMO HÍBRIDO MELHORADO ANT/FIREFLY

O algoritmo de projeto do núcleo do transformador de potência melhorado é apresentado na Figura 4. Os passos básicos do algoritmo são os seguintes

Passo 1. Introduza o número de experiências, o número máximo de gerações e o número da população (N).

Passo 2. Introduza as informações da subestação.

Etapa 3. Determinar o modelo principal.

Passo 4. Introduzir a tensão primária, a tensão secundária, o número de enrolamentos primários, o número de enrolamentos secundários, a corrente nominal a plena carga, a potência de saída, a gravidade específica do material metálico do núcleo, a resistência específica do material metálico do núcleo, a indução de saturação, a perda típica do núcleo, a espessura do material, o fator de enchimento, a temperatura de recozimento, a atmosfera de recozimento, a caraterística de recozimento, a força do campo elétrico, a força do campo magnético, a densidade do fluxo elétrico, a densidade do fluxo magnético, o potencial do campo magnético, a densidade da carga eléctrica, a densidade da corrente, a condutividade eléctrica, a permeabilidade magnética, a condutividade eléctrica, a densidade do campo magnético permanente.

Passo 5. Gerar N cromossomas para a população inicial.

Passo 6. Definir o número total de barras, o número de linhas, o número de colunas e a profundidade da integração da rede.

Passo 7. Calcular a adequação de cada solução.

Passo 8. Se for atingido o número máximo de gerações, identificar e armazenar o cromossoma que melhor se adapta à experiência.
Passo 9. Aumentar o número de experiências se o número máximo de gerações for atingido, mas o número máximo de experiências não for atingido.
Passo 10. Recomeçar a experiência.
Passo 11. Se o número máximo de gerações não for atingido, passe à etapa 5.
Passo 12. Avance para o passo 18 se o número máximo de gerações e o número máximo de experiências forem atingidos.
Passo 13. Dividir o número N de cromossomas em grupos binários e cruzar.
Passo 14. Aplicar a mutação a N cromossomas.
Etapa 15. Selecionar o melhor número N de cromossomas para a geração seguinte a partir dos cromossomas obtidos por N número de cromossomas, N número de cromossomas e N número de mutações.
Passo 16. Aumentar o número de gerações em 1 e passar à etapa 5.
Passo 17. Calcular os parâmetros do núcleo do número 3N de cromossomas quando a condição de turbulência não é satisfeita.
Passo 18. Identificar o melhor cromossoma em todas as experiências

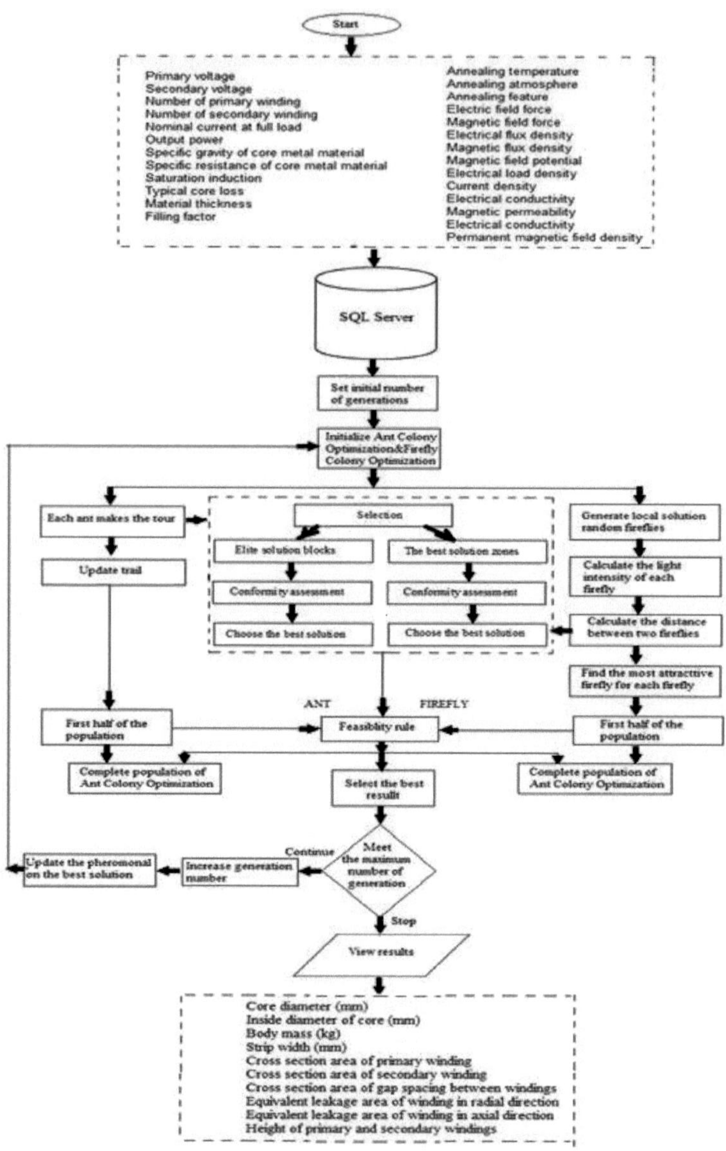

Figura 4. Algoritmo de projeto do núcleo do transformador de potência melhorado

Passo 19: Calcular a média do melhor cromossoma de cada experiência.

Passo 20. Ver resultados; diâmetro do núcleo, diâmetro interior do núcleo, massa do corpo, largura da tira, área da secção transversal do enrolamento primário, área da secção transversal do enrolamento secundário, área da secção transversal do espaço entre enrolamentos, área de fuga equivalente do enrolamento na direção radial, área de fuga equivalente do enrolamento na direção axial, altura dos enrolamentos primário e secundário.

A interface melhorada do programa de projeto do núcleo do transformador de potência é apresentada na Figura 3.

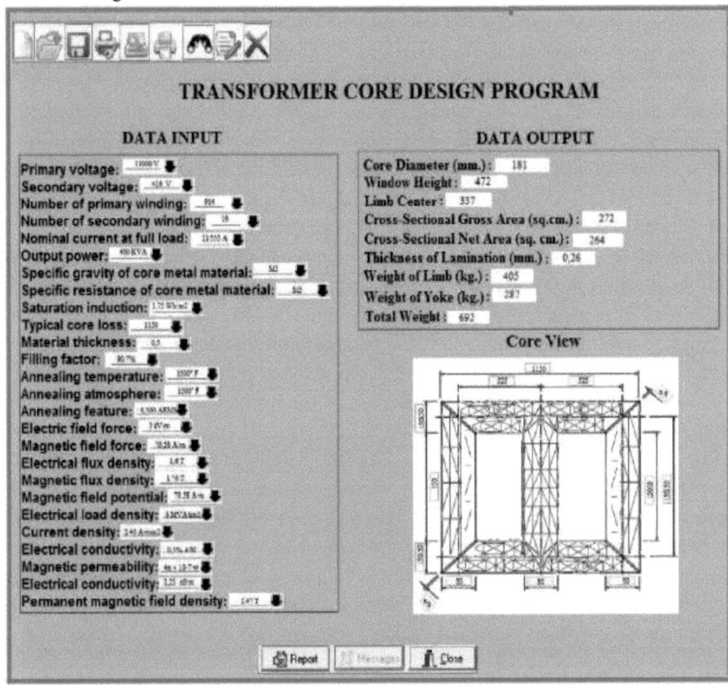

Figura 3. Interface do programa de projeto do núcleo do transformador de potência melhorada

As variáveis da otimização da conceção do núcleo do transformador de potência são apresentadas na Tabela 1.

Tabela 1. As variáveis da otimização da conceção do núcleo do transformador de potência

Detalhe do núcleo/taxa do transformador	Projeto de otimização (transformador de 100 KVA)	Projeto de otimização (transformador de 100 KVA)	Projeto sem otimização (transformador de 630 KVA)	Projeto de otimização (transformador de 630 KVA)
Diâmetro do núcleo (mm.)	115	103	203	181
Altura da janela (mm.)	489	441	524	472
Centro do membro (mm.)	266	238	376	337
Área bruta da secção transversal (cm2)	96	85	302	272
Área líquida da secção transversal (cm2)	94	83	295	264
Espessura da laminação (mm.)	0,27	0,26	0,27	0,26
Peso do membro (kg.)	120	108	449	405
Peso da forquilha (kg.)	72	64	321	287
Peso total (kg.)	192	173	770	692
Perda em vazio (W)	259	208	998	800
Perda de carga (W)	1761	1408	6498	5200

5. CONCLUSÕES

Os transformadores de potência são um elemento indispensável dos sistemas energéticos actuais. Os transformadores de potência são as máquinas eléctricas mais estudadas na maquinaria eléctrica. Uma vez que a lógica de conceção dos transformadores é essencialmente uma questão estabelecida, tem-se mantido durante décadas. Os novos estudos sobre este tema, em vez de produzirem novas teorias para aumentar a eficiência dos transformadores, para reduzir o custo do material magnético compósito de alta densidade, para melhorar as condições de trabalho, para aumentar a velocidade de conceção, etc., concentraram-se em tópicos. Neste estudo, foi desenvolvido um programa de interface para o projeto de transformadores de potência, utilizando o algoritmo da abelha artificial, o algoritmo do cuco e o algoritmo da polinização das flores. O programa de interface tem um formato muito fácil de utilizar que inclui componentes do Windows. A conceção de transformadores de potência é uma interface preferida para um projetista com conhecimentos de conceção. Com a interface criada, foi possível criar um projeto flexível, com todos os dados necessários para o projeto. Foram efectuados todos os cálculos necessários e os resultados numéricos foram apresentados ao projetista.

Utilizando o algoritmo desenvolvido e a interface informática criada, foram optimizados transformadores de 100 kVA e 630 kVA. Verifica-se que há uma diminuição de 10% no diâmetro do núcleo, na altura da janela, no centro do membro, na área bruta da secção transversal, no peso do membro e no peso da forquilha. Além disso, há uma diminuição de 20% na perda em vazio e na perda em carga. Com este estudo, tornou-se possível reduzir as correntes de fuga e as perdas nos transformadores de potência. Além disso, as dimensões e o peso do transformador foram reduzidos. Assim, os custos do transformador de potência foram reduzidos.

CAPÍTULO 13

CONCEPÇÃO DE TRANSFORMADORES DE POTÊNCIA ATRAVÉS DE ALGORITMOS HEURÍSTICOS

1. INTRODUÇÃO

Neste estudo, foram desenvolvidos algoritmos de otimização meta-heurísticos. Estes três algoritmos foram desenvolvidos para utilizar variáveis de número misto. Os pseudo-códigos destes algoritmos foram escritos usando variáveis de projeto do transformador. O programa MATLAB foi utilizado para os testes de desempenho da otimização do projeto do transformador. Foi criado um subprograma para cada um destes três algoritmos de otimização e subprogramas de cálculo de projeto comuns a todos os subprogramas de algoritmos. Foi preparado um programa de projeto de transformadores de potência com interface gráfica de utilizador em linguagem de programação Visual Basic, utilizando os resultados obtidos. Os valores limite inferior e superior das variáveis de projeto foram alargados para incluir transformadores numa gama de potências mais ampla do que os três tipos de transformadores examinados. Neste estudo, os outros parâmetros do transformador foram calculados a partir das variáveis de projeto e os pesos dos oito materiais principais foram determinados. Assim, os custos dos materiais principais do transformador de potência a projetar são minimizados.

O rápido desenvolvimento da tecnologia aumentou a necessidade de energia limpa, fiável e contínua. Os transformadores ocupam um lugar importante nas fases de produção, transmissão, distribuição e consumo de energia eléctrica. Espera-se que os transformadores, tal como outras máquinas eléctricas, tenham um rendimento tão elevado quanto possível. Para um problema existente, os algoritmos são utilizados para obter a melhor solução de entre todos os conjuntos de soluções sob uma determinada restrição. Especialmente nos processos de otimização multivariada, dependendo do número de variáveis e dos tipos de dados, os níveis de dificuldade dos problemas podem também aumentar. A solução deste tipo de problemas com métodos de otimização clássicos envolve dificuldades tanto na modelação como no processo de solução, dependendo da estrutura do problema. Assim, os tipos de métodos de solução são bastante específicos para os problemas. Tem muitos inconvenientes, como a necessidade de definir o problema com funções matemáticas. Para ultrapassar estas dificuldades, foram desenvolvidos métodos heurísticos baseados em sistemas e eventos existentes. Os algoritmos heurísticos são algoritmos capazes de fornecer soluções próximas do ótimo em tempo aceitável para problemas de otimização em grande escala. As técnicas de otimização são utilizadas para resolver muitos problemas de engenharia. Neste estudo, a utilização de métodos de otimização intuitivos na conceção de transformadores de potência permitiu obter resultados óptimos.

2. ALGORITMOS METAHEURÍSTICOS

As abelhas vivem numa ordem social com a ajuda dos instintos. Vivem a sua vida seguindo as regras desta ordem social. As tarefas que cada abelha da colmeia tem de cumprir são claras. As abelhas nunca abandonam os deveres e responsabilidades que lhes são atribuídos. Tarefas como procurar alimento, trazer néctar, armazenar alimento e comunicar estão entre as responsabilidades das abelhas na ordem social. Esta enorme ordem e equilíbrio levaram os investigadores a modelar o comportamento das abelhas. Na colónia de abelhas melíferas, um número adequado de indivíduos deve ser distribuído por tarefas para um grande número de trabalhos. O desenvolvimento de uma abelha começa com a postura da abelha rainha. Passado algum tempo, o ovo transforma-se em larva e pupa. A abelha nascida começa a sua vida a desempenhar as tarefas que lhe são atribuídas. Enquanto as abelhas adultas se encontram no ninho, as abelhas jovens e as abelhas amas desempenham as suas funções no domínio da alimentação. Sempre que os ovos chocados se tornam adultos, cada abelha tem tarefas como a alimentação, o armazenamento, a recolha e a distribuição do mel e do pólen, a comunicação e a procura de alimentos. A tarefa da abelha num determinado momento depende do seu papel comportamental atual, dos dados que recolhe do ambiente e do limiar de resposta que esses dados indicam. Após a separação da abelha da colmeia, o processo de procura começa com a pesquisa aleatória de alimentos. Após a redução da quantidade de alimento na fonte, as abelhas começam a procurar novos alimentos ou outras fontes na direção da informação que recebem de outras abelhas. A informação dos recursos encontrados pelas abelhas é transmitida umas às outras e encontram pólen, água, etc. A introdução de recursos na colmeia faz parte deste processo. A transmissão de informações entre as abelhas é a condição mais importante para a formação de uma estrutura de rebanho e de um conhecimento comum. A colmeia, que é o espaço de vida das abelhas, pode ser dividida em algumas secções. Uma dessas áreas é a chamada área de dança, onde ocorre a partilha de informações. O projeto do transformador utilizando o pseudo-código do algoritmo da abelha artificial criado é apresentado na Figura 1.

```
Set parameter:, x = (x1 'Winding number of LV winding', x2
'Number of cooling windings of LV winding', x3 'HV winding cooling
channel number', x4 'Magnetic induction', x5 'HV winding current
density', x6 'LV winding current density', x7 'Core sheet width', x8
'Core window height'),
f(x)= min DV(x) = min ∑_{i=1}^{n} c_{u(i)}(x).w_{u(i)}(x)
Generate the initial population
Calculate the best solution in the population
while (not termination)
      for each employed bee
find a new solution source according to its strategy
end for
for each onlooker bee
apply local search to the solution source found by its
employed bee
   if the solution source found by local search is worse than the
current solution switch to another strategy
        update the current solution and update
 the best solution if posissible
  endif;
 endfor;
 for each scout bee;
     produce a solution  source from the best solution;
             Choose the best solution g1 • 'High tension winding', g2 •
'Low voltage winding conductor', g3 • 'Core material', g4 •
'Transformer oil', g5 • 'Cooling channel strips', g6 • 'Insulation', g7 •
'Panel sheet', g8 • 'Plate sheet'
    endfor;
   endhile;
end
```

Figura 1. Projeto do transformador utilizando o pseudo-código do algoritmo de abelha artificial criado

A partilha de informação entre abelhas acontece através da dança das abelhas. As fontes de alimento novas e de qualidade são descobertas com o conhecimento partilhado. As abelhas que trazem alimentos das fontes precisam de partilhar a informação sobre a localização com a fonte para enviar as outras abelhas para essas fontes. A abelha que obtém a informação sobre a localização utiliza a luz solar para encontrar esse alvo. Podem medir o ângulo entre as suas órbitas e o sol. Em função do consumo de energia, as abelhas determinam a sua energia voando a diferentes alturas. A figura da figura mostra a direção da fonte de nutrientes no centro da figura, o comprimento da linha reta, a distância da colmeia e a qualidade do néctar quando a linha é tomada. O Algoritmo das Abelhas baseia-se na modelação do comportamento de procura de alimento das abelhas.

Um novo algoritmo heurístico inspirado no estilo de vida das aves cuco, o algoritmo de otimização das aves cuco baseia-se na localização e reprodução das aves. Os pássaros cucos vêm de onde o pássaro, o verdadeiro dono do ninho de um pássaro, se afasta e deixa o seu ovo entre o pássaro hospedeiro e os seus ovos. Este acontecimento dura apenas 10 segundos. O dono do ninho pega num dos seus ovos com o bico e afasta-se do ninho. Mais tarde, o cuco bebé continua a ser alimentado pela madrasta, embora se torne maior do que a ave de nidificação. O projeto de um transformador utilizando o pseudo-código do algoritmo do pássaro cuco criado é apresentado na Figura 2.

Purpose function:, x = (x1 'Winding number of LV winding', x2 'Number of cooling windings of LV winding', x3 'HV winding cooling channel number', x4 'Magnetic induction', x5 'HV winding current density', x6 'LV winding current density', x7 'Core sheet width', x8 'Core window height'),
n piece host slot transformer parameter generate the starting population
while (stop criterion)
Get a random cuckoo parameter with a Levy flight
Find transformer cost $f(x) = \min DV(x) - \min \sum_{i=1}^{8} c_{u(i)}(x).w_{u(i)}($
n Choose the random parameter slot for the socket
if $(F_i > F_j)$
end
replace with new solution
The worst parameter is to drop the p_0 *rate of the nests*
Build new ones
Keep good solution parameter values
Sort solutions
Find the best solution g1 = 'High tension winding', g2 = 'Low voltage winding conductor', g3 = 'Core material', g4 = 'Transformer oil', g5 = 'Cooling channel strips', g6 = 'Insulation', g7 = 'Panel sheet', g8 = 'Plate sheet'
end while

Figura 2.Projeto do transformador utilizando o pseudo-código do algoritmo do pássaro cuco criado

Os ovos que não são reconhecidos pela madrasta eclodem antes dos seus meios-irmãos durante o período de incubação. Embora não tenha aberto os olhos nos primeiros 4 dias, começa a retirar os seus meios-irmãos do ninho através de vários movimentos. Os ovos são colocados aleatoriamente à volta dos centros de ovos, tendo em conta o raio de postura. Após a colocação dos ovos, os ovos que são detectados pela ave hospedeira são retirados do ninho. 10% dos ovos indesejados são removidos. O parâmetro definido no algoritmo controla o número de aves cuco que vivem no ambiente. Assim, em cada iteração, o cuco sobreviverá tanto quanto o melhor valor de custo. O grupo que apresenta os melhores custos após a formação de um grupo de aves cuco em diferentes áreas é selecionado como ponto de destino para a migração de outras aves cuco. O algoritmo de agrupamento médio é utilizado para determinar os grupos de cucos. O primeiro ambiente inicial é gerado no algoritmo do cuco. A cada ave é atribuído um número aleatório de ovos. O raio máximo de desova é determinado para cada ave. Especifica-se o raio de desova dos ovos no espaço libertado. Os ovos reconhecidos pelas aves hospedeiras são destruídos. As galinhas podem eclodir e crescer. O habitat de cada ave em crescimento é avaliado. O número de aves que podem viver na área é limitado. As zonas não desejadas são destruídas. O melhor grupo de aves é identificado e o habitat alvo é selecionado. A nova população de cucos migra para o habitat-alvo. Se a condição necessária for cumprida, a otimização é interrompida e o primeiro passo é continuado.

O Algoritmo de Polinização de Flores é um dos métodos intuitivos do metal inspirado na natureza do processo. O desenho do transformador utilizando o pseudo-código do algoritmo de polinização de flores criado é apresentado na Figura 3.

O algoritmo de polinização de flores é inspirado principalmente no processo de floração das plantas com flores. O principal objetivo da polinização das flores é proporcionar a melhor viabilidade e a melhor fase de reprodução biológica. A polinização e outros factores interagem melhor para a propagação das plantas. Existem duas formas importantes de polinização, a biótica e a abiótica. Enquanto 90% das plantas com flor efectuam a polinização biótica, a reprodução abiótica é de 10%. Enquanto os polinizadores, como as moscas e os insectos, transportam o pólen na forma biótica, nenhum polinizador está disponível na forma abiótica. O algoritmo de polinização das flores funciona de acordo com as quatro regras básicas. Os processos globais de polinização são efectuados biologicamente e os polinizadores transportam o pólen de acordo com os voos de Levy. A polinização abiótica e a auto-polinização são consideradas polinização local. Tal como os insectos, os polinizadores podem aumentar a probabilidade de proliferação, que é proporcional à semelhança entre as duas flores. Uma possibilidade fundamental de polinização local e global pode ser controlada por p £ [0, 1]. Uma vez que os insectos podem voar durante muito tempo, o pólen pode ser transportado a longa distância.

```
Purpose function:, x = (x1 'Winding number of LV winding', x2
'Number of cooling windings of LV winding', x3 'HV winding cooling
channel number', x4 'Magnetic induction', x5 'HV winding current
density', x6 'LV winding current density', x7 'Core sheet width', x8
'Core window height').
f(x)= min DV(x) = min \sum_{i=1}^{8} c_{u(i)}(x).w_{u(i)}(x)
Generate a random start population. (n: Number of pollen)
Calculate the best solution for the initial population g * Probability
switch p ∈ [0, 1]
while(t< Max Iteration)
      for i=1: n
        If rand < p (uniform distribution)
      Levy distribution L (Up to the number of parameters)
Biotic growth x_i^{t+1} = x_i^t + a L(b).(g-x_i^t)
           Else
     Draw ε (Uniform distribution [0,1])
           Choose random j and k solutions
Abiotic reproduction x_i^{t+1} = x_i^t + ε(x_j^t - x_k^t)
                 end if
Take the new solution and check it out. Update the population if the new
solution is good
           end for
           Choose the best solution g1 = 'High tension winding', g2 =
'Low voltage winding conductor', g3 = 'Core material', g4 =
'Transformer oil', g5 = 'Cooling channel strips', g6 = 'Insulation', g7 =
'Panel sheet', g8 = 'Plate sheet'
end while
```

Figura 3. Projeto do transformador utilizando o pseudo-código do algoritmo de polinização de flores criado

Isto garante a melhor reprodução. A distribuição de Levy é utilizada para conhecer a força de polinização. Enquanto os insectos viajam longas distâncias, o movimento dos insectos pode ser mostrado de acordo com a distribuição de Levy. A caraterística mais importante deste algoritmo de otimização é a utilização da distribuição de Levy para procurar muitos pontos de solução no espaço de pesquisa. Tal como nas flores, o modelo de polinização biótica para determinar os pontos de solução a longas distâncias e o modelo de polinização abiótica dos pontos de solução para investigar a vizinhança do algoritmo é a lógica da otimização.

3. PROJECTO DE TRANSFORMADORES DE POTÊNCIA UTILIZANDO ALGORITMOS HEURÍSTICOS

O projeto de transformadores de potência foi realizado utilizando três algoritmos de otimização metamórfica. A fim de satisfazer os requisitos rigorosos da indústria de transformadores, foram propostos algoritmos para problemas de otimização. As caraterísticas técnicas básicas comuns dos transformadores são transformadores de distribuição trifásicos do tipo óleo, a construção do núcleo do enrolamento, o condutor do enrolamento de baixa tensão é uma folha de cobre e o indicador do enrolamento de alta tensão é um fio de cobre redondo esmaltado. Funções de objetivo utilizadas para a otimização do design do transformador: minimização do peso da parte ativa, minimização do custo da parte ativa, minimização do custo do material principal, minimização do custo de produção, maximização da eficiência, maximização da potência nominal e minimização do custo total. O custo total do transformador é gerado pela Equação (1).

$$TTC = PT + c_{il}.P_o + c_{ll}.P_{ll} \quad (1)$$

Aqui c_{il} (USD/W) é o custo das perdas em vazio. P0 são as perdas em vazio. c_{ll} (USD/W) é o custo das perdas em carga. P_{ll} são as perdas de carga. PT é o preço do transformador. No método do custo total de propriedade, os custos de funcionamento incorridos devido a perdas durante o tempo de vida do transformador são adicionados aos custos actuais e acrescentados ao preço de compra. Para a eficiência do transformador, é o custo mínimo para minimizar o investimento necessário para obter a maior poupança de energia. Isto resulta na seleção dos transformadores economicamente mais adequados para a necessidade em causa. As restrições de projeto do transformador que devem ser cumpridas pelas normas nacionais e pelas especificações do cliente são indicadas abaixo.

- As perdas em vazio calculadas devem ser inferiores às perdas máximas em vazio.
- As perdas de carga calculadas devem ser inferiores às perdas de carga máximas.
- As perdas totais calculadas devem ser inferiores às perdas totais máximas.
- A impedância de curto-circuito calculada deve situar-se entre os valores mínimo e máximo da impedância de curto-circuito.
- O aumento de temperatura devido às perdas totais do transformador deve ser inferior ao valor máximo de aumento de temperatura.
- O calor total gerado pelas perdas totais do transformador; ser combinado com os efeitos combinados da condução, convecção e radiação.
- A eficiência calculada deve ser superior ao valor mínimo de rendimento.
- A tensão de impacto nos enrolamentos deve ser inferior ao valor máximo de tensão de impacto que o papel de isolamento entre as bobinas do enrolamento pode suportar.
- A tensão induzida nos enrolamentos deve ser inferior ao valor máximo da tensão induzida entre as camadas de enrolamento do papel de isolamento.
- As dimensões das caldeiras de transformação devem ser inferiores às dimensões máximas das caldeiras.

A função objetivo utilizada consiste em minimizar o custo do material principal do transformador. O custo dos materiais utilizados no projeto do transformador é calculado na Equação (2).

$$\min DV(x) = \min \sum_{i=1}^{8} c_{u(i)}(x).w_{u(i)}(x) \quad (2)$$

Aqui, DV(x) é o vetor de conceção constituído por oito variáveis. $c_{u(i)}(x)$ é o custo unitário de cada elemento do transformador (USD/kg). $w_{u(i)}(x)$ é o peso de cada elemento do transformador (kg). As restrições são descritas a seguir. Estas;

$$Z_{sc(min)} \leq Z_{sc} \leq Z_{sc(max)} \quad (3)$$

$$\Delta T_{r,c} \leq \Delta T_{rmax,g} \quad (4)$$

$$(P_{cll} + P_{il}) \leq h_t \quad (5)$$

$$P_{cll} - (1 + t_{ll}/100) \,.\, P_{cll,g} \leq 0 \quad (6)$$

$$P_{il} - (1 + t_{il}/100) \,.\, P_{il,g} \leq 0 \quad (7)$$

$$(P_{cll} + P_{il}) - (1 + t_{tl}/100) \,.\, (P_{cll,g} + P_{il,g}) \leq 0 \quad (8)$$

Os principais materiais e custos unitários são apresentados no Quadro 1.

Tabela 1. Principais materiais e custos unitários

Material	**Custo unitário (USD/kg)**
Enrolamento de alta tensão	13.03
Condutor do enrolamento de baixa tensão	13.03
Material de base	7.08
Óleo de transformador	2.63
Tiras de canal de arrefecimento	9.85
Isolamento	8.76
Folha de painel	2.54
Chapa	2.25

As variáveis de otimização do projeto do transformador são apresentadas na Tabela 2.

Tabela 2. As variáveis da otimização do projeto do transformador

Variável de projeto	**Unidade**	**Tipo**	**Limite inferior**	**Limite superior**
Número de enrolamento do enrolamento de BT	-	Inteiro	15	60
Número de enrolamentos de arrefecimento do enrolamento de BT	-	Inteiro	0	15
Número do canal de arrefecimento do enrolamento HV	-	Inteiro	0	15
Indução magnética	Gauss	Número real	13500	18000
Densidade da corrente do enrolamento HV	A/mm^2	Número real	0.9	5.5
Densidade da corrente do enrolamento de BT	A/mm^2	Número real	0.9	5.5
Largura da folha central	mm.	Número real	90	550
Altura da janela principal	mm.	Número real	90	550

P_{il} é o cálculo das perdas em vazio. $P_{il,g}$ são as perdas em vazio garantidas. P_{cll} são as perdas de carga calculadas. $P_{ll,g}$ são as perdas de carga garantidas. t_{il} é a tolerância percentual das perdas em vazio. t_{ll} é a tolerância percentual das perdas em carga. t_{tl} é a tolerância percentual das perdas totais. z_{sc} é a impedância de curto-circuito calculada. $zsc_{(min)}$ é o valor mínimo garantido da impedância de curto-circuito. $zsc_{(max)}$ é o valor máximo garantido da impedância de curto-circuito. h_t é o calor libertado por condução, convecção e radiação. $ATr_{,c}$ é o aumento de temperatura calculado. $ATrmax_{,g}$ é a subida máxima de temperatura garantida. Os outros parâmetros do transformador foram calculados a partir das variáveis de projeto utilizando os algoritmos gerados e foram encontrados os pesos dos oito materiais principais. O objetivo é obter o resultado de uma execução em vez de uma execução de otimização separada para diferentes combinações destas variáveis. Neste estudo, são apresentados os resultados dos estudos de otimização do projeto teórico e prático de três transformadores de distribuição com potências de 1000, 1250 e 1600 kVA. As caraterísticas técnicas de base comuns dos transformadores efectuadas nas optimizações de projeto são apresentadas a seguir.

- Transformadores de distribuição trifásicos, a óleo
- Tensões primária/secundária 40/0,8 kV
- Construção do núcleo do enrolamento
- Folha de cobre do condutor de enrolamento AG, fio de cobre esmaltado redondo do condutor de enrolamento HV
- Valores de perdas e de tensão de curto-circuito indicados no quadro 3
- Aumento médio da temperatura do enrolamento 65 K
- Aumento da temperatura do pico do petróleo 50 K
- Custos unitários para o material em causa, a fim de calcular os custos totais do material dos transformadores indicados no quadro 1

Os limites e as tolerâncias dos transformadores examinados são apresentados no quadro 3.

Tabela 3. Limites e tolerâncias dos transformadores examinados

Potência	P_{ii}(W)	P_{ii}	U_{sc}(%)
1000 kVA	1850	10000	5
1250 kVA	2200	12000	5
1600 kVA	2600	14500	6
Tolerâncias	%10	%10	%10

A comparação dos parâmetros de controlo utilizados no quadro 4.

Tabela 4. Comparação dos parâmetros de controlo utilizados neste estudo

Tipo de algoritmo	**1000 kVA**		**1250 kVA**		**1600 kVA**	
	tPrecisão %	t Precisão %	tPrecisão %	t Precisão %	tPrecisão %	tPrecisão %
Abelha artificial	0.24	0.60	0.34	0.98	0.39	1.05
Pássaro cuco	0.25	0.62	0.36	1	0.45	1.20
Polli de flores.	0.25	0.61	0.35	0.99	0.43	1.12

A melhor pontuação de fiabilidade para cada algoritmo é apresentada na Tabela 5.

Tabela 5. Melhor pontuação de fiabilidade para cada algoritmo

Tipo de algoritmo	**Laço**	**Pop**	**tAc.% tPre.%**	**Velocidade**	**Confiança**
Abelha artificial	1400	80	0.25-0.60	67	71
Pássaro cuco	2000	70	0.08-0.15	32	92

Polli de flores.	2000	60	0.19-0.39	58	85

O programa MATLAB para o teste de desempenho da otimização do projeto do transformador é constituído por um subprograma para cada um dos três algoritmos de otimização e um subprograma de cálculo do projeto, que é utilizado por todos os subprogramas dos algoritmos. Os algoritmos originais são desenvolvidos para utilizar variáveis mistas inteiras, com três algoritmos que só podem utilizar variáveis de projeto contínuas. Os valores limite inferior e superior das variáveis de conceção foram alargados para incluir transformadores numa gama de potências mais ampla do que os três tipos de transformadores examinados. O número máximo de ciclos é de 1400 e 2000. O tamanho da população é de 60, 70 e 80. Os parâmetros de controlo do algoritmo são apresentados no Quadro 4. O critério de paragem não foi utilizado. Os testes foram repetidos 15 vezes para cada tipo de transformador e algoritmo. Como a combinação do número máximo de ciclos e do tamanho da população que cada algoritmo daria os melhores resultados, foram efectuados testes de desempenho para uma combinação diferente destes valores. O algoritmo da abelha artificial e o algoritmo da polinização das flores são mais rápidos do que o algoritmo do pássaro cuco. A velocidade destes dois algoritmos é próxima uma da outra. Pontuação de fiabilidade O algoritmo do pássaro cuco é o mais fiável. Consequentemente, o algoritmo mais adequado para o projeto do transformador de potência teórico é o algoritmo do pássaro cuco. No entanto, entende-se que outros algoritmos não são adequados para este fim. Os resultados aqui obtidos baseiam-se na interface gráfica do utilizador, um programa de projeto de transformadores de potência. Com base nos resultados obtidos, foi preparado um programa de conceção de transformadores de potência com a interface gráfica do utilizador em
Figura 4.

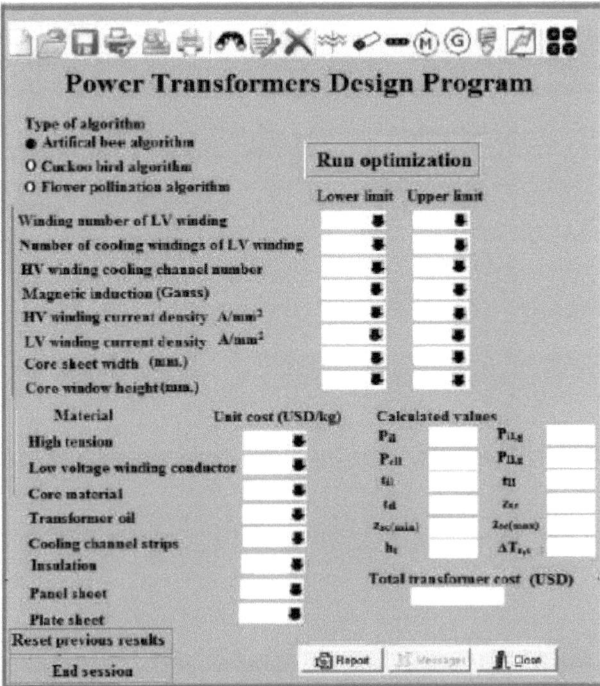

Figura 4. A interface do programa de conceção de transformadores de potência

O programa é capaz de otimização teórica e prática. Para a otimização prática, foram utilizados o algoritmo da abelha artificial, o algoritmo da polinização das flores e o algoritmo do pássaro cuco. O número máximo de ciclos é de 1400 para o algoritmo da abelha artificial, 2000 para o algoritmo do pássaro cuco e o algoritmo da polinização das flores. Os valores do tamanho da população foram escolhidos como 80 para o algoritmo da abelha artificial, 70 para o algoritmo do pássaro cuco e 60 para o algoritmo de polinização das flores. O programa pode listar a melhor solução durante o valor da função de objetivo incremental e todas as soluções práticas aplicáveis podem ser transferidas para a tabela Excel.

4. CONCLUSÕES

Os transformadores de potência são um elemento indispensável dos sistemas energéticos actuais. Os transformadores de potência são as máquinas eléctricas mais estudadas na maquinaria eléctrica. Uma vez que a lógica da conceção dos transformadores é essencialmente uma questão estabelecida, tem-se mantido durante décadas. Os novos estudos sobre este tema, em vez de produzirem novas teorias para aumentar a eficiência dos transformadores, para reduzir o custo do material magnético compósito de alta densidade, para melhorar as condições de trabalho, para aumentar a velocidade de conceção, etc., concentraram-se em tópicos. Neste estudo, foi desenvolvido um programa de interface para o projeto de transformadores de potência, utilizando o algoritmo da abelha artificial, o algoritmo do cuco e o algoritmo da polinização das flores. O programa de interface tem um formato muito fácil de utilizar que inclui componentes do Windows. A conceção de transformadores de potência é uma interface preferida para um projetista com conhecimentos de conceção. Com a interface criada, foi possível efetuar um projeto flexível, tendo em conta todos os dados necessários para o projeto. Foram efectuados todos os cálculos necessários e os resultados numéricos foram apresentados ao projetista. A interface criada reduziu a perda de parâmetros e os custos de projeto.

CAPÍTULO 14

ANÁLISE DA TEMPERATURA NA ENERGIA TRANSFORMADOR ENVOLVE USANDO CRIADO ALGORITMO DE ABELHA ARTIFICIAL E PROGRAMA DE COMPUTADOR

1. INTRODUÇÃO

Os transformadores utilizados em determinadas fases da produção e distribuição de eletricidade são o elemento mais importante devido aos seus elevados custos e à sua longa vida útil. O parâmetro mais importante que reduz a vida útil dos transformadores é o elevado nível de temperatura que provoca a fixação do material isolante. A complexidade da análise da temperatura nos enrolamentos dos transformadores de potência torna necessária a utilização de um algoritmo de resolução óptima. Tem sido preferível desenvolver um algoritmo de abelhas artificiais para resolver problemas complexos de otimização da temperatura nos enrolamentos dos transformadores de potência de forma realista e rápida. Neste estudo, é desenvolvido um painel de deteção de transformadores de potência. Os dados necessários para o algoritmo foram obtidos através da realização de experiências em diferentes transformadores de potência. É criado um circuito de aquisição de dados baseado num microcontrolador para monitorizar as condições de funcionamento dos transformadores de potência. Variáveis como a temperatura do ambiente e a temperatura do transformador foram transferidas para o computador por amostragem. A análise das temperaturas dos enrolamentos dos transformadores de potência foi determinada utilizando o algoritmo de abelha artificial e o programa de computador desenvolvidos. O algoritmo gerado é codificado usando a linguagem de programação C #. A análise da temperatura dos enrolamentos do transformador de potência foi criada utilizando a base de dados Microsoft SQL Server 2017. Os dados obtidos a partir de estudos experimentais foram comparados com os dados obtidos a partir do algoritmo desenvolvido e do programa de computador. Os dados de perda e temperatura do transformador foram estimados com precisão de acordo com os estados variáveis da carga e o seu conteúdo harmónico.

Nos últimos anos, o número de cargas não lineares tem aumentado rapidamente. Esta situação tem efeitos negativos na qualidade da energia. As harmónicas geradas pelas cargas não lineares no sistema elétrico causam perdas de potência no sistema e sobreaquecimento dos transformadores. O aquecimento dos transformadores devido às harmónicas do sistema requer o aumento da capacidade do transformador ou a conceção de um transformador que possa funcionar com cargas harmónicas. A vida útil do material isolante nos transformadores é expressa em função da humidade, temperatura e teor de oxigénio. As aplicações para reduzir os efeitos da humidade e do oxigénio com tecnologia melhorada reduziram a dependência do envelhecimento do isolamento em relação a estes parâmetros. No entanto, não há muito a fazer para controlar o nível de temperatura. O nível elevado de temperatura provoca bolhas no óleo de isolamento, bem como no material de isolamento. O coeficiente dielétrico destas bolhas de gás é um perigo, uma vez que o coeficiente dielétrico do óleo e do material de isolamento é relativamente pequeno. O principal critério que limita a vida útil do transformador e limita a carga do transformador é o desempenho térmico do transformador. O parâmetro mais importante do desempenho térmico é a temperatura do ponto quente. A temperatura do ponto quente é a temperatura máxima observada na região dos elementos condutores de corrente do transformador, do material isolante ou do fluido isolante, geralmente na região próxima ao topo dos enrolamentos. Considera-se que este parâmetro representa o limite de temperatura associado ao carregamento do transformador. A melhor forma de conhecer a temperatura do ponto quente é colocando sensores na zona quente real e transferindo os valores medidos com os sensores para o exterior do tanque do transformador. No entanto, esta situação não é possível para os transformadores já utilizados. Os receptores devem ser colocados na fase de projeto do transformador. Não é possível colocar estes sensores nos transformadores existentes. Assim, os parâmetros de temperatura dos transformadores são estimados utilizando o algoritmo de abelhas desenvolvido. Os investigadores investigaram o comportamento de voo das aves e os seus padrões de voo, os comportamentos de procura de alimentos das formigas, a natação e o agrupamento de manadas de peixes e a comunicação das abelhas com danças. Inteligência de grupo; Os resultados da interação de comunidades animais como abelhas, formigas, aves, térmitas e bandos de peixes foram investigados e foram desenvolvidas técnicas de inteligência artificial para encontrar soluções para problemas científicos. Comportamentos inteligentes baseados na emergência da inteligência de rebanho, ou seja, as formigas fornecem informações às outras formigas deixando substâncias químicas nos caminhos por onde passaram [4]. As aves e os peixes deslocam-se em bando e ajustam a sua posição e velocidade em relação uns aos outros. Estes estudos conduziram ao desenvolvimento de abordagens que adaptam o comportamento dos efectivos aos sistemas e modelos.

2. O ALGORITMO DE ABELHA ARTIFICIAL CRIADO

As colónias de abelhas à volta da colmeia com o movimento de balanço partilham informações entre si. A auto-organização dos indivíduos dentro da colmeia é a principal caraterística do sistema. A colónia executa as suas tarefas por si própria, utilizando a informação recebida de outros indivíduos do sistema. O feedback positivo é gerado através de regras comportamentais que apoiam a ocorrência de situações adequadas. As abelhas que recebem informação sobre a localização beneficiam da luz solar para atingir este objetivo. Calculam o ângulo entre as órbitas e o sol. As abelhas que determinam a distância de acordo com o consumo de energia, a energia de diferentes alturas voa ajustando a sua energia. O comportamento de voo das abelhas foi investigado e foi criado um mapa de voo. O mapa de voo das abelhas é apresentado na Figura 1.

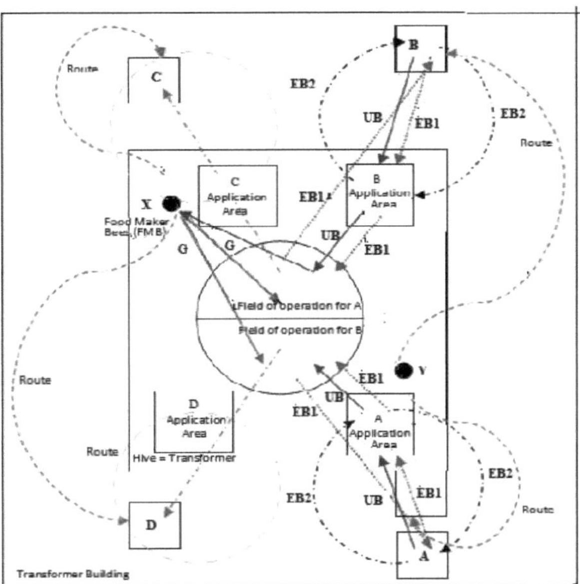

Figura 1. O mapa de voo das abelhas criado
Aqui; A, B, C e D referem-se a fontes de alimento. X refere-se às abelhas exploradoras. G refere-se às abelhas dançarinas. EB1 refere-se à abelha que transfere informação sobre a localização e a quantidade da fonte de néctar para outras abelhas. EB2 refere-se à abelha que traz o néctar para a colmeia. UB refere-se à busca na área de dança que deixa a fonte de alimento. No início, a abelha começa a procurar a fonte de alimento. Há dois casos para esta abelha: X pode começar a procurar alimento. Pode haver uma abelha batedora para as fontes descritas seguindo G. As abelhas das fontes começam a trazer néctar das fontes que encontram. Assim, estas abelhas tornaram-se numa abelha de serviço. EB2 continua a trazer néctar da fonte sem partilhar a informação. A EB1 pode dançar com outras abelhas, transferindo informações para outras abelhas sobre a localização e a quantidade da fonte de néctar, dançando antes de regressar à fonte. A UB deixa a fonte e vem para a área de dança. Com as abelhas a dançar, as outras abelhas são direcionadas para um trabalho. O feedback negativo nas abelhas é gerado por regras de trabalho que equilibram o feedback positivo para garantir o movimento consistente do bando em conjunto. Este mecanismo é necessário para evitar a saturação em qualquer assunto. A flutuação é importante em termos de criatividade e inovação, uma vez que permite aos indivíduos encontrar novas soluções e alterar os erros. A troca de informações entre alguns indivíduos de qualquer rebanho proporciona a troca de informações dentro do rebanho e ocorrem múltiplas comunicações. O algoritmo da abelha baseia-se no comportamento inteligente da abelha melífera que procura alimento. As tarefas que cada abelha da colmeia tem de cumprir são claras. As abelhas nunca abandonam as tarefas e responsabilidades que lhes são atribuídas. Tarefas como a procura de alimento, o transporte de néctar, o armazenamento de alimentos e a comunicação fazem parte das responsabilidades das abelhas na ordem social. As abelhas que vivem em colónias podem ser divididas em três classes diferentes. São elas: a abelha rainha, as abelhas macho e as abelhas operárias. Na colónia de abelhas melíferas, é necessário distribuir o número adequado de indivíduos para muitas tarefas. O desenvolvimento de uma abelha começa com a postura da abelha rainha.

Passado algum tempo, o ovo transforma-se em larva e pupa. Os métodos de alimentação das abelhas no processo de ovos e larvas são importantes para determinar as suas tarefas depois de deixarem a área de alimentação. Quando se alimentam as larvas, forma-se uma abelha rainha ou uma abelha fêmea de acordo com o tempo de geleia real que as abelhas amas dão às larvas. Após esse processo, a abelha nascida iniciará sua vida para realizar as tarefas determinadas. Enquanto as abelhas adultas estão no ninho, as abelhas jovens e as abelhas amas desempenham as suas funções no domínio da alimentação. Cada abelha tem tarefas como a alimentação, o armazenamento, a recolha e a distribuição do mel e do pólen, a comunicação e a procura de alimentos. A tarefa da abelha num determinado momento depende do seu papel comportamental atual, dos dados que recolhe do ambiente e do limiar de resposta que aponta. Uma das tarefas mais importantes para a sobrevivência da colónia de abelhas é a alimentação. Após a separação da abelha da colmeia, o processo de busca começa com a pesquisa aleatória de alimentos. Após a diminuição da quantidade de alimento na fonte, as abelhas começam a procurar novos alimentos ou a recorrer a outras fontes de acordo com a informação obtida de outras abelhas. As abelhas transmitem as informações de fontes como o pólen e a água umas às outras. A introdução de nutrientes na colmeia faz parte deste processo. O valor de uma fonte de alimento depende de muitos factores, como o tipo de fonte, a distância até à colmeia, a quantidade de nutrientes ou a dificuldade de alcançar o néctar. As abelhas operárias foram incumbidas de trazer os nutrientes recolhidos em fontes previamente identificadas. Outra tarefa consiste em transferir a informação sobre a posição e a qualidade da fonte para as outras abelhas da colmeia. Existem dois tipos de abelhas operárias cuja tarefa não é clara. São as abelhas que procuram novas fontes e as que procuram fontes aleatórias de acordo com as informações das abelhas que esperam na colmeia. A transmissão de informações entre as abelhas é a condição mais importante para a formação de uma estrutura de rebanho e de um conhecimento comum. A colmeia das abelhas pode ser dividida em secções. Uma dessas áreas é a chamada área de dança, onde ocorre a partilha de informações. A partilha de informações entre as abelhas é feita pelas abelhas. As fontes de alimento novas e de qualidade são descobertas através da partilha de informações. As abelhas que trazem o alimento da fonte precisam de partilhar a informação de localização com a fonte para enviar as abelhas para esses recursos com outras abelhas. A abelha que obtém a informação sobre a localização utiliza a luz solar para encontrar o alvo. As abelhas que determinam a distância de acordo com o consumo de energia, a energia de diferentes alturas voa ajustando a sua energia. A dança de balanço semelhante às oito figuras permite a transmissão de informações importantes às abelhas da colmeia. A linha reta no meio da forma de oito indica a direção da fonte de nutrientes. O comprimento da linha reta no meio da forma de oito indica a distância entre a fonte de alimento e a colmeia. O comprimento da linha reta no meio da forma de oito dá informações sobre a qualidade do néctar. Uma abelha que procura néctar na colmeia abandona a última fonte de alimento descoberta e procura uma nova fonte de alimento. Esta abelha regressa à fonte de alimento que descobriu e executa uma dança trémula para informar as outras abelhas da colmeia. Cada abelha segue uma destas opções em função da quantidade de néctar existente na sua fonte. Se uma abelha encontrar mais do que uma determinada quantidade de fontes de néctar, aplica a última opção.

opção dessa abelha. Se o néctar da fonte de alimento não for muito abundante, a abelha regressa à mesma fonte de alimento sem informar as abelhas da colmeia. Se a abelha não aplicar os dois últimos caminhos, continuará a procurar novas fontes de néctar seguindo o primeiro caminho. O Algoritmo das Abelhas é um algoritmo de pesquisa baseado numa população e é um dos métodos heurísticos baseados na inteligência do efetivo. Estes valores de parâmetros são selecionados automaticamente pelo mecanismo proposto, em vez de ser o utilizador a determinar os parâmetros da abelha através do algoritmo de análise da temperatura nos enrolamentos do transformador de potência desenvolvido. Neste algoritmo, os operadores de mutação, creep, crossover, interpolação e avaliação externa realizam uma pesquisa superior completando a pesquisa aleatória. Com este mecanismo, é utilizada a média dos valores de conformidade obtidos no ensaio do transformador em vez do valor de aptidão de cada abelha numa única experiência. Uma solução no Algoritmo das Abelhas criado é substituída por uma nova solução gerada aleatoriamente quando não pode ser desenvolvida durante uma determinada repetição. Em quase todos os problemas de teste do transformador, este algoritmo foi desenvolvido para obter resultados óptimos. A precisão, a velocidade de aprendizagem e a robustez deste algoritmo foram comprovadas pelos resultados obtidos nas experiências com o transformador.

3. INVESTIGAÇÃO DA TEMPERATURA DOS INVÓLUCROS DO TRANSFORMADOR

O fator mais importante que afecta a vida útil dos transformadores de potência do tipo óleo é a velocidade de envelhecimento do material de isolamento sólido utilizado nos enrolamentos. Existe uma relação exponencial entre o envelhecimento do material de isolamento e a temperatura do ponto quente. A relação entre a vida útil do transformador e a temperatura é dada na Equação (1). De acordo com a Equação (1), a vida útil do isolamento do transformador é inversamente proporcional à temperatura a que o transformador opera e, portanto, às perdas do transformador. X e Y são números constantes. 0H é a variação de temperatura do ponto quente.

$$\%UsefullLife = X.e^{\frac{Y}{\theta H+273}}.100 \qquad (1)$$

A distribuição da temperatura no interior do transformador não é homogénea. O material isolante nas partes mais quentes envelhece mais rapidamente. Por conseguinte, a temperatura da zona de ponto quente deve ser tida em conta. A temperatura do ponto quente não pode ser medida por um dispositivo instalado posteriormente nos transformadores que estão a ser utilizados. Quando o transformador está na fase de projeto, podem ser instalados sensores de temperatura nas partes apropriadas dos enrolamentos. Eles podem ser transferidos para o exterior do tanque do transformador. Por conseguinte, é necessário estimar com precisão a temperatura do ponto quente não mensurável utilizando a sua relação com a temperatura superior do óleo. Ao utilizar o algoritmo, é possível obter uma parte dos dados necessários e alguns deles utilizando os dados do relatório de ensaio certificado fornecido pelo fabricante do transformador. Os valores medidos são a informação da corrente trifásica do transformador, a informação da temperatura do ambiente onde se encontra o transformador e a informação da temperatura superior do óleo do transformador. As perdas em vazio do transformador (PIL), as perdas em carga do transformador (PLL), as correntes de base (Ib) e os valores de resistência do lado AT e BT (rave, Rave) são obtidos a partir das perdas em carga e do ensaio de tensão de curto-circuito. O valor nominal de aumento da temperatura superior do óleo (A0TRV) e o valor nominal de aumento da temperatura do enrolamento (A0H) são obtidos a partir do ensaio de aumento de calor. A capacidade nominal do transformador (Cn), o tipo de ligação do transformador (Y/A), os pesos da parte ativa do transformador, do óleo, da caldeira e do equipamento (kg, lt) são obtidos a partir da etiqueta do transformador. A temperatura do ponto quente do enrolamento de acordo com as diretrizes de capacidade de carga do transformador consiste no componente. Estes são a variação da temperatura ambiente, a variação da temperatura superior do óleo e a variação da temperatura do enrolamento de acordo com a temperatura superior do óleo [36-38]. A mudança de temperatura do ponto quente de acordo com a temperatura superior do óleo muda momentaneamente ao longo da mudança temporária da carga do transformador durante um certo período de tempo, independentemente do tempo. O valor mais próximo da temperatura do ponto quente é o valor da temperatura superior do óleo nos enrolamentos. O valor superior da temperatura do óleo é utilizado para todos os cálculos. O óleo de arrefecimento entra por baixo da bobina e está à temperatura do óleo inferior. Este óleo sobe através dos enrolamentos e a temperatura do óleo aumenta linearmente com a altura. As perdas do enrolamento passam através do enrolamento para o óleo ao longo de todo o enrolamento. Esta transferência de calor requer uma queda de temperatura entre o enrolamento e o óleo circundante em todos os níveis da altura. As mudanças de temperatura podem causar mudanças na perda de carga e na viscosidade do óleo. A temperatura do ponto quente (Θ_H) mostrada na Equação (2) é composta pelo valor de alteração da temperatura do enrolamento $(\Delta\Theta_H)$, a temperatura ambiente (Θ_A) de acordo com a temperatura do óleo, e o valor de alteração da temperatura superior do óleo $(\Delta\Theta_{TRV})$ de acordo com a temperatura ambiente.

$$\Theta_H = \Theta_A + \Delta\Theta_H + \Delta\Theta_{TRV} \qquad (2)$$

O valor superior da temperatura do óleo (Θ_{TRV}) de acordo com a temperatura ambiente é o seguinte
Equação (3).

$$\Theta_{TRV} = \Theta_A + \Delta\Theta_{TRV} \qquad (3)$$

Após uma alteração na carga, o valor superior da alteração da temperatura do óleo é expresso como a função na Equação (4), que inclui uma constante de tempo do óleo. τTRV é a constante de tempo da temperatura do óleo. $\Delta\Theta_{TRV,i}$ é o primeiro valor da alteração da temperatura do óleo. $\Delta\Theta_{TRV,F}$ é o valor final da alteração da temperatura do óleo.

$$\Delta\Theta_{TRV} = \Delta\Theta_{TRV,i} + (\Delta\Theta_{TRV,F} - \Delta\Theta_{TRV,i}).[1-e^{(-t/\tau TRV)}] \qquad (4)$$

Se a carga equivalente do transformador for estável, é utilizada uma análise de ciclo em duas fases. O valor inicial da variação superior da temperatura do óleo é calculado de acordo com a Equação (5). $\Delta\Theta_{TRV,R}$ é o valor da variação da temperatura do óleo à carga nominal. K_i é o primeiro rácio entre a carga instantânea e a carga nominal. R é o rácio entre a perda de carga e as perdas em vazio. n é o número de ciclos.

$$\Delta\Theta_{TRV,i} = \Delta\Theta_{TRV,R}.[(K_i^2.R+1)/(R+1)]^n \qquad (5)$$

Se o transformador tiver uma carga variável, a análise de ciclo multiestágio é utilizada em intervalos de tempo curtos. Tal como na Equação 6, o valor final superior da variação da temperatura do óleo $(\Delta\Theta_{TRV,F})$ é calculado separadamente para cada dígito. KF é o rácio entre a corrente instantânea e a corrente nominal.

$$\Delta\Theta_{TRV,F} = \Delta\Theta_{TRV,R}.[(K_F^2.R+1)/(R+1)]^n \qquad (6)$$

O valor superior de variação da temperatura do óleo $(\Delta\Theta_{TRV})$ obtido como resultado do cálculo efectuado no passo anterior é igual ao primeiro valor de variação da temperatura do óleo $(\Delta\Theta_{TRV,i})$ no passo seguinte. A constante de tempo da temperatura do óleo é indicada por τTRV. Quando a carga do transformador ou a intensidade de arrefecimento necessária é alterada, as temperaturas do enrolamento e do óleo acompanham-na de forma retardada. Isto é explicado por uma constante de tempo do óleo. A constante de tempo do óleo é calculada utilizando a capacidade térmica calorimétrica do transformador. $\tau TRV,R$ é a constante de tempo da temperatura do óleo à carga nominal. C é definido como capacidade térmica. $P_{T,R}$ é definida como potência térmica. A constante de tempo da temperatura do óleo à carga nominal é a indicada na Equação (7).

$$\tau_{TRV,R}=(C.\Delta\Theta_{TRV,R}/P_{T,R}) \quad (7)$$

C assume valores variáveis de acordo com o tipo de arrefecimento do transformador. A capacidade térmica é calculada multiplicando as partes correspondentes do transformador pelo peso em quilogramas. A base da equação de aquecimento exponencial é baseada no aumento médio da temperatura de toda a massa do transformador. No entanto, a variação da temperatura superior do óleo é uma variável que pode ser medida por indicadores de temperatura ou termopares durante os ensaios térmicos. A constante de tempo da temperatura do óleo é calculada de acordo com a Equação (8).

$$\tau_{TRV}=\tau_{TRV,R}\cdot\frac{(\Delta\Theta_{TRV,F}/\Delta\Theta_{TRV,R})-(\Delta\Theta_{TRV,i}/\Delta\Theta_{TRV,R})}{(\Delta\Theta_{TRV,F}/\Delta\Theta_{TRV,R})^{1/n}-(\Delta\Theta_{TRV,i}/\Delta\Theta_{TRV,R})^{1/n}} \quad (8)$$

A alteração da temperatura do ponto quente é indicada pela temperatura do óleo. A temperatura do ponto quente é a temperatura máxima que a temperatura do enrolamento pode atingir. A alteração da temperatura do ponto quente de acordo com o valor superior da temperatura do óleo é calculada como indicado na Equação (9). $\Delta\Theta_{H,i}$ é o primeiro valor da alteração da temperatura do ponto quente. $\Delta\Theta_{H,F}$ é o valor final da alteração da temperatura do ponto quente.

$$\Delta\Theta_{H}=\Delta\Theta_{H,i}+(\Delta\Theta_{H,F}-\Delta\Theta_{H,i}).(1-e^{-t/\tau w}) \quad (9)$$

O primeiro valor da variação da temperatura do ponto quente de acordo com a temperatura superior do óleo é calculado como indicado na Equação (10). m é definido como variável experimental para calcular $\Delta\Theta_{H}$. $\Delta\Theta_{H,R}$ é a variação da temperatura do ponto quente do enrolamento à carga nominal.

$$\Delta\Theta_{H,i}=K_i^{2m}.\Delta\Theta_{H,R} \quad (10)$$

O valor da variação da temperatura do ponto quente em função da temperatura superior do óleo é calculado de acordo com a Equação (11).

$$\Delta\Theta_{H,F}=K_F^{2m}.\Delta\Theta_{H,R} \quad (11)$$

O valor nominal da variação da temperatura do ponto quente de acordo com a temperatura superior do óleo é calculado de acordo com a Equação (12). $\Delta\Theta_{H/A,R}$ é o valor nominal da temperatura do ponto quente de acordo com a temperatura ambiente.

$$\Delta\Theta_{H,R}=\Delta\Theta_{H/A,R}-\Delta\Theta_{TRV,R} \quad (12)$$

A constante de tempo (τw) da temperatura do enrolamento é indicada por. O valor nominal da constante de tempo da temperatura do enrolamento é calculado como indicado na Equação (13).

$$\tau_{TW,R}=(C.\Delta\Theta_{H,R}/P_{T,R}) \quad (13)$$

A constante de tempo da temperatura do enrolamento é calculada de acordo com a Equação (14).

$$\tau_{W}=\tau_{W,R}\cdot\frac{(\Delta\Theta_{H,F}/\Delta\Theta_{H,R})-(\Delta\Theta_{H,i}/\Delta\Theta_{H,R})}{(\Delta\Theta_{H,F}/\Delta\Theta_{H,R})^{1/n}-(\Delta\Theta_{H,i}/\Delta\Theta_{H,R})^{1/n}} \quad (14)$$

Para efetuar os cálculos corretamente, são utilizados relatórios de ensaio certificados do fabricante do transformador. Todos os dados de perda nominal do transformador devem ser conhecidos corretamente. No entanto, os fabricantes de transformadores não efectuam quaisquer ensaios relacionados com a perda de correntes de Foucault. Estes dados de perda devem ser calculados. As resistências R1 e R2 na Equação (15) são calculadas de acordo com o tipo de ligação do lado de alta tensão e do lado de baixa tensão do transformador. I_{1R} é a corrente primária do transformador. I_{2R} é a corrente secundária do transformador. K é a taxa de carga instantânea em relação à carga nominal.

$$P_{Total\ lose}=P_{LoadLose}\text{-}K.[R_1.(I_{1R})^2+R_2.(I_{2R})^2] \quad (15)$$

Os dados de perdas nominais devem ser normalizados de acordo com as condições de funcionamento do transformador. A equação (16) é utilizada para fazer a normalização, , tendo em conta os valores reais da corrente. h refere-se ao número harmónico. Ih é a corrente harmónica. I é a corrente nominal do transformador. I_{rated} é a corrente máxima na qual o transformador não pode ser operado.

$$P_{LoadLose}(pu)=[\sum_{h=1}^{h=h_{max}}(I_h/I_1)^2].(I/I_{rated})^2 \quad (16)$$

Como resultado das medições, são calculados os factores de perda harmónica e os harmónicos das correntes. O valor superior de aumento da temperatura do óleo (Θ_{TRV}) é calculado como indicado na Equação (17). Os valores da temperatura do enrolamento são (15) calculados como indicado na Equação (18), Equação (19) e Equação (20 $P_{LoadLose}(pu)$ é o valor unitário das perdas de carga. n é uma variável experimental. Θ_{HTO} é a temperatura do ponto quente de acordo com o óleo superior. P_{ec} é definido como perda de correntes parasitas.

$$\Theta_{TRV}=\Delta\Theta_{TRV,R}.[(P_{TotalLose})^n/P_{TotalLose}]^n+\Theta_A \quad (17)$$

$$R.I_{2,R}^2=1,5.R_2.I_{b(LV)}^2 \quad (18)$$

$$R.I_2^2=P_{LoadLose}(pu).R.I_{2,R}^2 \quad (19)$$

$$\Theta_{HTO}=(\Delta\Theta_{H,R}-\Delta\Theta_{TRV,R}).[\frac{RI_2^2+P_{ec}^{adj}.2,4}{(K.R_2.I_{2,R}^2)+P_{ec}.2,4}]^{0,8} \quad (20)$$

4. ANÁLISE DA TEMPERATURA DO INVÓLUCRO DO TRANSFORMADOR UTILIZANDO UM ALGORITMO ARTIFICIAL DE ABELHAS

De acordo com a necessidade de definir a temperatura do transformador, existem algumas limitações para a solução óptima. No caso inicial, foram efectuadas algumas pré-definições para poupar tempo e reduzir o espaço de pesquisa. Os passos básicos do Algoritmo de Abelhas para encontrar e analisar a temperatura do transformador são os seguintes

Passo 1: O problema do transformador é atribuído ao problema para resolver o problema.

Passo 2: O problema do transformador é atribuído à classe definida.

Passo 3: Os problemas do transformador são atribuídos à sua classe de acordo com o tipo de problema.

Passo 4: Não devem ser atribuídos métodos de análise diferentes ao mesmo período de tempo.

Passo 5: Não se deve atribuir o mesmo prazo a problemas diferentes.

Passo 6: Se o problema for resolvido por soluções específicas, o problema deve ser atribuído a soluções comuns.

O parâmetro básico do algoritmo da abelha é apresentado no Quadro I.

TABELA I . PARÂMETROS DO ALGORITMO BEE

Algoritmo de abelhas	Explicação

Parâmetros

n	Número de soluções
f	Número de zonas erradas selecionadas a partir de um número n de erros problemáticos
b	Selecionou "f é o melhor número de zonas na região errada
nbp	Número de soluções aplicadas à melhor solução b zona região defeituosa
nrp	Número restante de soluções (f-b)
nss	Tamanho da pesquisa da solução vizinha
itn	Critério de paragem (número de iterações)

O espaço de investigação da solução 'n' é apresentado na Figura 2.

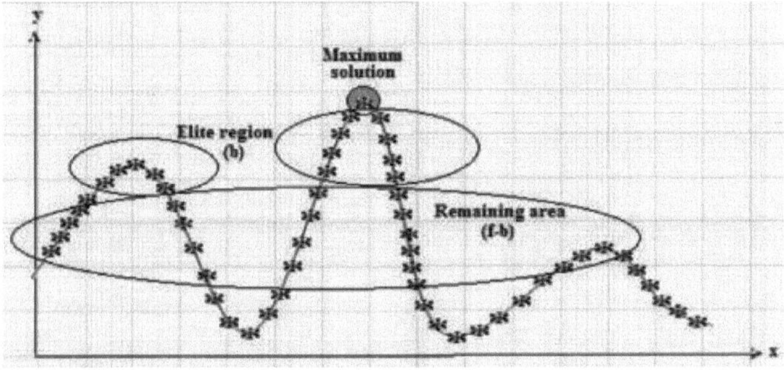

Figura 2. Espaço de investigação da solução 'N'

O Algoritmo da Abelha Criada para encontrar e analisar a temperatura do transformador é apresentado na Figura 3. O algoritmo começa com a colocação aleatória de n soluções no espaço de pesquisa. As n soluções são examinadas entre si de acordo com a conformidade dos pontos examinados, selecionando as regiões mais adequadas (f). As regiões de elite (b) e as restantes regiões (f-b) com o melhor valor de conformidade são selecionadas. O tamanho da pesquisa de vizinhança (nss) destas zonas é determinado. Para a procura de pontos mais adequados nas regiões selecionadas, aplica-se a melhor solução (nbp) do que as outras regiões selecionadas (nbp) que representam as melhores soluções, e as restantes soluções (nrp) às outras regiões. Para a nova população, é selecionada a solução com o valor mais adequado em cada região.

As outras soluções nas regiões são separadas do espaço de investigação. Outras soluções (f- b) da população são colocadas aleatoriamente no espaço de pesquisa para obter novas soluções potenciais. No final da iteração, a nova população é constituída por duas partes. As soluções para cada região selecionada e as soluções de pesquisa aleatória são mantidas até o critério de otimização ser atingido. São consideradas as perdas nos enrolamentos devido aos harmónicos de corrente. Inclui também o aumento das perdas no núcleo devido aos harmónicos de tensão. A taxa de carga máxima é determinada utilizando os dados de medição. No estudo, foi desenvolvido um software no qual é definida a análise da temperatura dos enrolamentos do transformador de potência. O diagrama de fluxo do programa é apresentado na Figura 4.

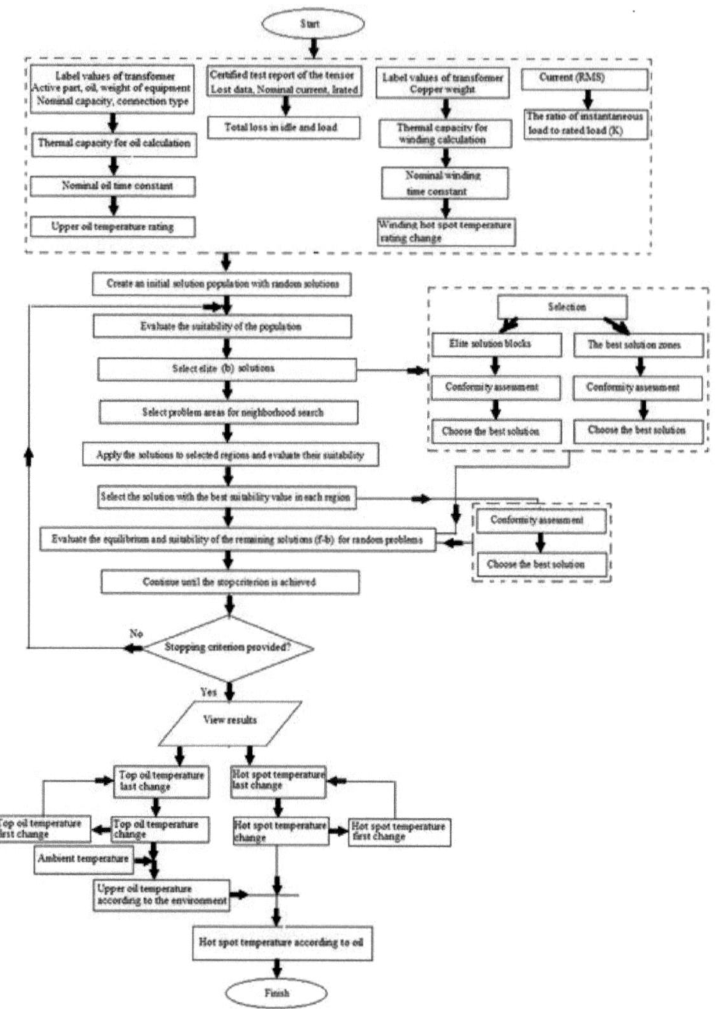

Figura 3. O algoritmo da abelha criada para encontrar e analisar o transformador Temperatura

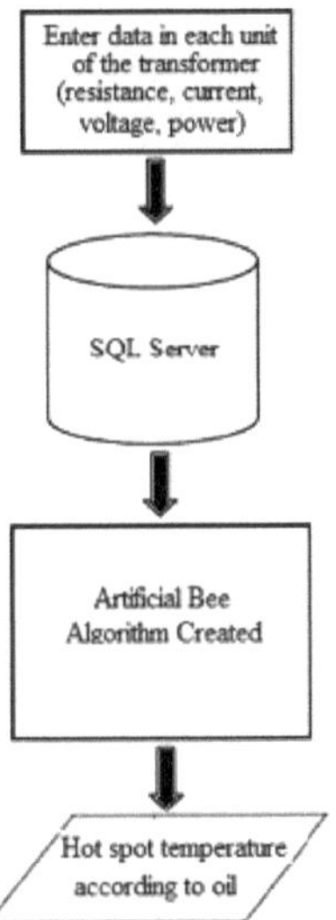

Figura 4. Fluxograma do programa de análise da temperatura do transformador.

O painel de medição e controlo do diagrama apresentado na figura 5 foi instalado no edifício de controlo da subestação de Mersin-Yenisehir.

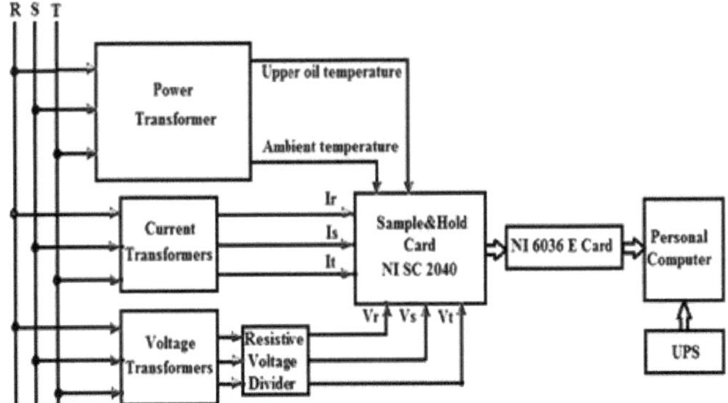

Figura 5. Diagrama do sistema de medição.

A informação convencional do transformador de corrente e tensão do ponto de medição é ligada ao sistema de medição. As informações sobre os sensores de temperatura do óleo superior e os sensores de temperatura ambiente instalados nos transformadores de potência localizados fora do edifício de controlo são ligados ao sistema de medição através de um conversor de sinal. O computador pessoal, o transdutor de sinal e a fonte de alimentação ininterrupta dos sensores são utilizados no sistema de medição. É criado um registo de dados de um minuto com dados recolhidos em segundos. Os dados da medição efectuada com o programa Lab-view foram processados através dos códigos escritos na extensão M-file do programa Matlab. Durante o processamento dos dados, as relações de conversão dos transformadores de corrente e tensão convencionais e os coeficientes correspondentes dos sensores de temperatura foram escritos nos locais apropriados do ficheiro M. Assim, obtêm-se os valores reais. Graças aos oito canais da placa SC2040 da National Instruments, foram obtidas informações de corrente e tensão, bem como as temperaturas ambiente e superior do óleo. A placa 6036E permite uma conversão de sinal analógico/digital entre o SC2040 e o computador. Foi também utilizada para recolher sinais analógicos da saída do SC2040 inserido na ranhura PCMCIA. A placa divisora de tensão é utilizada para obter informações sobre a tensão. As pinças de corrente do tipo cabo aberto de circuito magnético são utilizadas para receber informações sobre a corrente. Para converter a corrente de saída da pinça em tensão, esta foi terminada na resistência e ligada aos canais do SC2040. Os termómetros de resistência são utilizados para medições de temperatura. Os transdutores de sinal são utilizados para fornecer uma corrente constante pela qual a resistência variável do termómetro resistivo tem de passar. O programa Lab-view utiliza a placa de amostragem e retenção 6036E e SC2040 para comunicar entre si de forma saudável e registar dados. O programa Matlab foi utilizado para processar os dados brutos registados. O hardware do programa de análise da temperatura do transformador é apresentado na Figura 6.

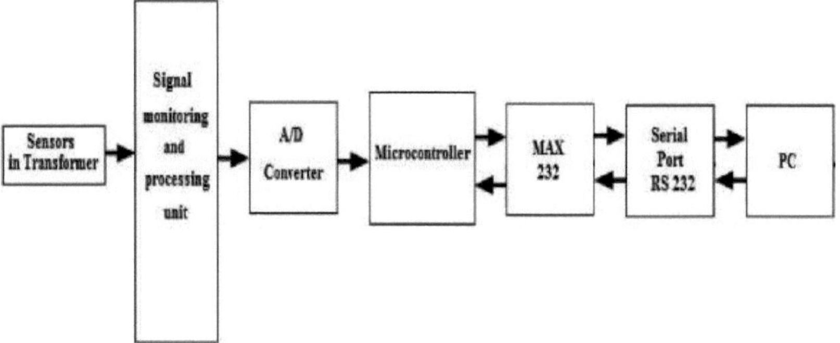

Figura 6. Hardware do programa de análise da temperatura do transformador

O software foi desenvolvido no ambiente de desenvolvimento Microsoft Visual Studio 2017, utilizando a linguagem de programação C#. A base de dados Microsoft SQL Server 2017 é utilizada para o ambiente onde a informação é armazenada. Os dados obtidos como resultado da operação das informações e do programa criado são armazenados na base de dados. Definições gerais e informações a serem utilizadas no algoritmo informações da unidade transformadora para a tabela de unidades, falhas do transformador são definidas informações são inseridas na tabela de falhas do transformador. Após a execução e conclusão do algoritmo, a falha do transformador é automaticamente apresentada. Foi realizado um hardware eletrónico para a transferência de dados de 30 sensores ligados a diferentes unidades do transformador para o computador. Foi concebida uma placa de interface utilizando o microcontrolador para comunicar com o computador através dos sensores, do microcontrolador e da porta série do sistema concebido. O programa desta placa foi escrito em PICC. Os valores de tensão obtidos dos sensores através da porta série RS-232 foram visualizados no ecrã do programa criado no ecrã do computador. Para além do circuito eletrónico concebido para comunicar com o computador. O programa de interface foi escrito na linguagem de programação Visual Basic. O microcontrolador e a interface MAX232 foram utilizados para a troca de dados através da porta série. O programa de análise de temperatura do transformador criado é mostrado na Figura 7.

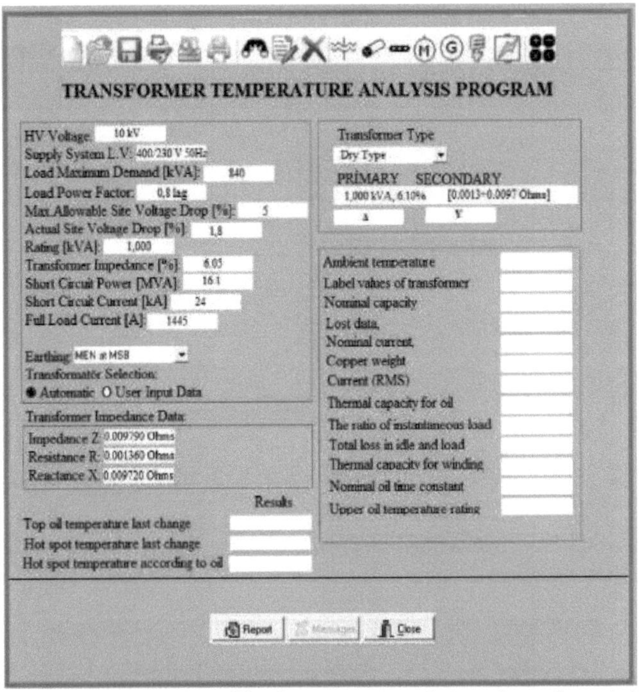

FIGURA 7. O programa de análise da temperatura do transformador criado pelo algoritmo da abelha artificial.

O painel de deteção do transformador de potência desenvolvido e o diagrama de ligação da experiência são apresentados na figura 8. O painel de deteção de transformadores de potência desenvolvido no laboratório da Universidade de Mersin é apresentado na Figura 9.

O hardware do painel é composto por um computador pessoal, uma fonte de alimentação ininterrupta, uma placa de amostragem e retenção, uma placa de aquisição de dados, uma placa divisora de tensão resistiva, três transformadores de corrente e tensão, três divisores de tensão resistivos, vários sensores de temperatura ambiente, um sensor de temperatura superior do óleo, vários sensores para diferentes unidades do transformador, conversores de sinal analógico/digital para sensores e várias portas de série. Este painel foi instalado no edifício de controlo do Centro de Transformadores de Yenisehir. A informação convencional do transformador de corrente e tensão do ponto de medição foi trazida para o sistema de medição com a ajuda de cabos e foram efectuadas ligações. As informações sobre os sensores de temperatura do óleo superior e os sensores de temperatura ambiente colocados nos transformadores de potência situados fora do edifício de controlo são trazidas para o lado do sistema de medição com a ajuda de um conversor de sinal e são feitas as ligações. Os dados obtidos foram processados em ambiente Matlab. Todos os parâmetros do transformador são estimados pelo algoritmo gerado e
programa de computador.

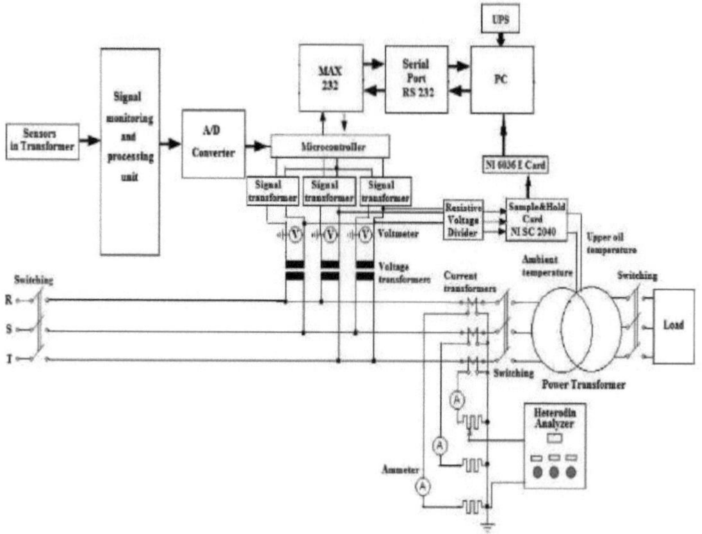

Figura 8. Painel de deteção do transformador de potência desenvolvido e diagrama de ligação da experiência.

Figura 9. Painel de deteção de transformadores de potência desenvolvido no laboratório da Universidade de Mersin.

As alterações de temperatura do ponto quente do algoritmo são apresentadas na Figura 10.

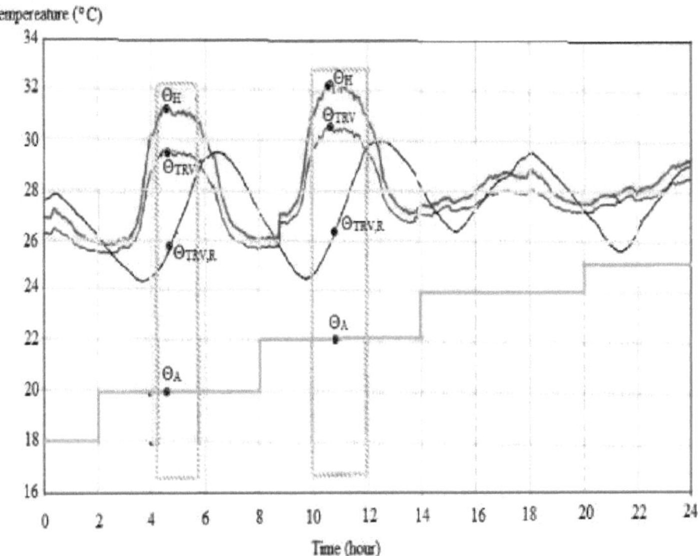

Figura 10. Alterações de temperatura do ponto quente resultantes do algoritmo.

Foram comparados os dados obtidos a partir do algoritmo desenvolvido e os resultados experimentais obtidos no transformador. Verifica-se que o erro nos dados óptimos obtidos a partir do algoritmo desenvolvido se situa entre ±1% e ±2% e que os resultados são alcançados mais rapidamente.

A mudança de iteração do algoritmo da abelha criada e de outros algoritmos é apresentada na Figura 11.

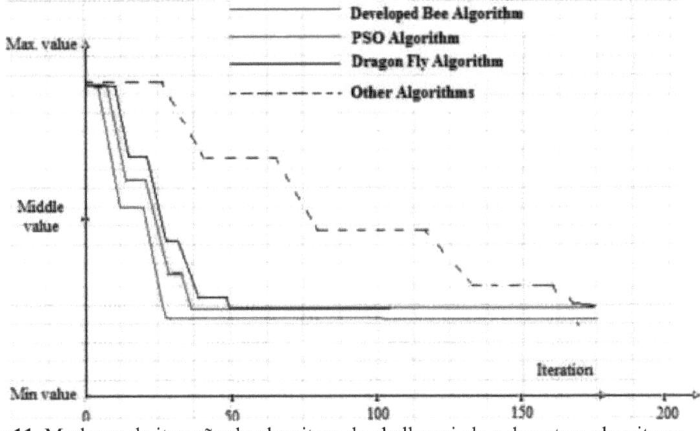

Figura 11. Mudança de iteração do algoritmo da abelha criada e de outros algoritmos.

A comparação dos parâmetros de controlo utilizados é apresentada no quadro II.

QUADRO II. COMPARAÇÃO DOS PARÂMETROS DE CONTROLO UTILIZADOS NO PRESENTE ESTUDO PARÂMETROS

Tipo de algoritmo	1000	kVA	1250 kVA		1600 kVA	
	tPrecisão %	t	tPrecisão %	t Precisão %	tPrecisão %	tPrecisão %

		Precisão %				
Abelha artificial	0.25	0.62	0.36	1	0.45	1.20
PSO	0.25	0.61	0.35	0.99	0.43	1.12
Mosca-dragão	0.24	0.60	0.34	0.98	0.39	1.05

A melhor pontuação de fiabilidade para cada algoritmo é apresentada no Quadro III.

TABELA III. A MELHOR PONTUAÇÃO DE FIABILIDADE PARA CADA ALGORITMO

Tipo de algoritmo	Laço	Pop	tAc.% tPre.%	Velocidade	Confiança
Abelha artificial	2000	70	0.08-0.15	32	92
PSO	2000	60	0.19-0.39	58	85
Mosca-dragão	1400	80	0.25-0.60	67	71

A 28ª iteração no Algoritmo de Abelhas desenvolvido chegou ao fim. A 38ª iteração no Algoritmo de Otimização por Enxame de Partículas foi concluída. A 50ª iteração do algoritmo Dragon Fly foi concluída. Nos outros algoritmos, o resultado foi alcançado na 170ª iteração. O algoritmo da abelha artificial foi comparado com outros algoritmos. De acordo com outros algoritmos, este algoritmo é o mais fiável e mais rápido.

5. CONCLUSÃO

O maior problema encontrado nos transformadores de potência durante o funcionamento é o aquecimento causado pelas perdas nos núcleos e enrolamentos. Deve ser utilizado sem exceder a vida útil dos transformadores, que são o elemento mais caro e importante da cadeia de transmissão e distribuição eléctrica. É necessário conhecer o valor da temperatura do ponto quente. É possível determinar o aquecimento nos transformadores efectuando uma análise térmica detalhada durante a altura do enrolamento. O método heurístico foi desenvolvido para determinar o aquecimento nos transformadores. Assim, tentou-se obter o melhor resultado possível. Foi criado um algoritmo que identifica automaticamente as temperaturas nos transformadores de potência. Este algoritmo baseado na inteligência de rebanho foi utilizado para descrever as temperaturas dos transformadores com base no comportamento das abelhas que se deslocam em rebanho para encontrar alimento. O método de carregamento dos transformadores baseia-se no cálculo da temperatura do ponto quente. A temperatura do ponto quente foi calculada para fornecer a vida útil esperada do material sólido isolante em condições normais. Os dados obtidos pelo algoritmo permitir-nos-ão obter informações sobre o funcionamento saudável dos transformadores. As medições foram avaliadas separadamente de modo a obter os parâmetros de qualidade de energia e os valores da temperatura superior do óleo e do ponto quente dos transformadores. Após a execução e conclusão do algoritmo, as temperaturas dos transformadores são automaticamente apresentadas. O software foi desenvolvido em linguagem de programação C#, utilizando o algoritmo de colónia de abelhas artificiais. Foi criado um equipamento eletrónico para transferir os dados dos sensores ligados às diferentes unidades do transformador para o computador. Foi concebida uma placa de interface utilizando o microcontrolador para comunicar com o computador através dos sensores, do microcontrolador e da porta série do sistema concebido. O programa desta placa é escrito em PICC. Os valores de tensão obtidos dos sensores através da porta série são visualizados no ecrã do programa criado no ecrã do computador. Para além do circuito eletrónico concebido para comunicar com o computador, é escrito um programa de interface na linguagem de programação Visual Basic. A transmissão de dados foi transferida para o microcontrolador através de uma porta série. Os dados obtidos a partir do algoritmo desenvolvido e os resultados experimentais obtidos a partir das temperaturas do transformador foram comparados. Percebe-se que o erro nos dados obtidos a partir do algoritmo desenvolvido está entre ± 1% e 3%. Foi determinado o ponto mais quente do enrolamento do transformador. Assim, foi possível aumentar os tempos e limites de sobrecarga dos transformadores. Neste estudo, foi possível conhecer os valores superiores de temperatura do óleo e do ponto quente de acordo com as capacidades de carga dos transformadores através dos algoritmos e dispositivos desenvolvidos. Para além disso, o transformador anula algumas das suas cargas, pelo que foi possível evitar o sobreaquecimento. Assim, o elemento mais caro e importante da cadeia de transporte e distribuição de eletricidade, os transformadores, será operado de forma saudável e não excederá a sua vida útil.

CAPÍTULO 15

CONTROLO MELHORADO DE CENTROS DE TRANSFORMAÇÃO UTILIZANDO REDES NEURONAIS ARTIFICIAIS

1. INTRODUÇÃO

Ao regular o nível de tensão da energia eléctrica por meio de transformadores, a energia é transferida para os consumidores das redes de distribuição e de transporte de eletricidade. Para que a energia seja fornecida aos consumidores sem interrupções ou com interrupções mínimas, os sistemas que estão amplamente distribuídos devem ser monitorizados continuamente. Assim, os factores mais importantes são a deteção e remoção das falhas nos centros de transformação da forma mais rápida possível. Através deste estudo, as falhas nos centros de transformação são percebidas mais rapidamente pelo algoritmo criado com base nas redes artificiais de sistemas e visualizadas com uma interface criada no computador. Os relés digitais, produzidos com tecnologia de microprocessadores, são utilizados em subestações, sistemas de transmissão e distribuição para fins de proteção e controlo. No estudo, a utilização dos relés, a monitorização dos sistemas e a interferência no sistema foram possíveis através de uma rede informática local remota.

Uma das caraterísticas mais importantes da energia eléctrica é o facto de poder ser transportada para zonas muito remotas a partir do local onde é produzida. Para que este transporte seja efectuado de forma eficiente e para reduzir as perdas, a tensão deve ser suficientemente elevada [1, 2]. Os níveis de tensão devem ser selecionados de acordo com uma certa otimização para que o custo do condutor de entrada não aumente demasiado. A tensão da energia eléctrica de corrente alternada pode ser aumentada ou diminuída para os níveis desejados com a ajuda de transformadores [3, 4]. A tensão que é ajustada a um determinado nível nos centros de transformação é transportada pelas redes de distribuição de eletricidade. A crescente necessidade de energia eléctrica leva as organizações responsáveis pelo fornecimento de energia de qualidade aos consumidores a um planeamento mais detalhado e cuidadoso e a estudos de investimento nas redes de distribuição [4, 5]. A energia deve ser contínua nas redes eléctricas. Se alterações anormais nos valores de corrente e tensão, por diferentes razões, atingirem dimensões que danifiquem o sistema, a energia é interrompida.

2. CENTROS DE TRANSFORMAÇÃO

As linhas de transmissão de energia e os centros de transformação são apresentados na Figura 1.

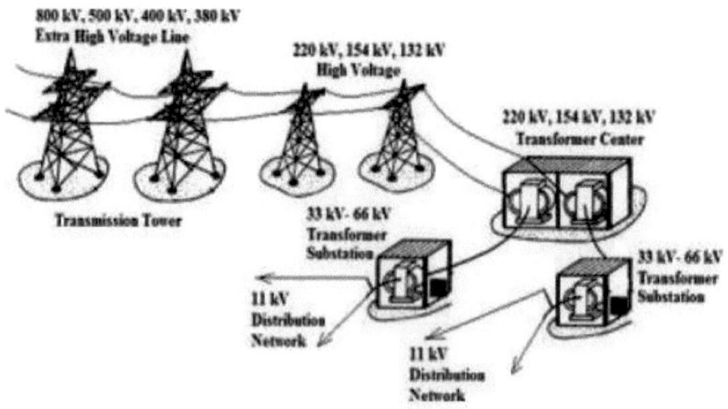

Figura 1. Linhas de transmissão de energia e centros de transformação

As centrais eléctricas são construídas longe dos centros de consumo. A energia eléctrica produzida nas centrais é entregue aos centros de consumo com a ajuda dos centros de transformação. Estes centros incluem separadores, disjuntores, barramentos, transformadores de amplificação, relés, fusíveis, alimentadores de saída e outros elementos auxiliares. Os centros de transformação recebem a energia de uma ou mais redes de transmissão e entregam-na às redes de transmissão de baixa tensão.

A energia retirada dos centros de transformação é transformada em tensões de utilização nos ramos do transformador. Para tensões superiores a 60 kV, estes centros são instalados ao ar livre, pois o volume de secções e materiais de aparelhagem aumenta. Para tensões menores, são instalados no interior do edifício. A energia eléctrica produzida nas centrais eléctricas é de cerca de 13,7 kV. Não é económico transportar energia eléctrica a este nível de tensão. São necessários centros de transformação para aumentar ou diminuir o nível de tensão. Os transformadores de tensão exteriores não têm uma limitação de tensão.

Cada transformador integra-se num parque de distribuição central. Aqui são aplicados sistemas semelhantes aos sistemas de barramento utilizados nas centrais eléctricas. Os transformadores são separados da rede eléctrica por um disjuntor separado da outra instalação. Nos circuitos primário e secundário dos transformadores, cada linha até ao barramento de terra deve estar equipada com um mecanismo de controlo que possa ser controlado sob tensão. Deve haver poços de acumulação de óleo sob os transformadores. Devem ser tomadas as precauções necessárias aquando da construção de edifícios para a ventilação dos transformadores. As instalações de comutação têm secções de alta tensão, de transformadores e de baixa tensão. A secção de alta tensão inclui separadores, disjuntores.

A secção de transformadores inclui transformadores e sistemas de ventilação e refrigeração. Na secção de baixa tensão encontram-se os cortadores, os separadores e os instrumentos de medição. Todos os para-raios e peças metálicas devem ser ligados à terra nas instalações de comutadores. Os ramos dos transformadores servem de ponte entre a alta tensão e a baixa tensão. A energia transportada pela alta tensão é reduzida para média tensão com a ajuda dos centros de transformação. A energia transmitida aos ramos do transformador como média tensão é transformada em baixa tensão e distribuída aqui. Na entrada de energia nos ramos do transformador há uma sobretensão de média tensão.

Os elementos de medição e os relés de proteção são ligados ao circuito através de transformadores de corrente e de tensão [10, 11].

3. REDES NEURAIS ARTIFICIAIS

Uma célula de rede neural básica é um sistema de processamento de informação que tem por objetivo aprender, generalizar e recordar. A célula nervosa artificial é a unidade de processamento de informação mais pequena e básica que constitui a base do funcionamento das redes neuronais artificiais (RNA). Todos os neurónios da rede recebem uma ou mais entradas e produzem uma única saída. Este resultado pode ser o resultado da rede neuronal artificial ou ser utilizado como entrada para outros neurónios. Os componentes do modelo de célula artificial são as entradas, os pesos, a função de acoplamento, a função de ativação e a saída [12]. A Figura 2 apresenta uma célula básica de rede neural artificial.

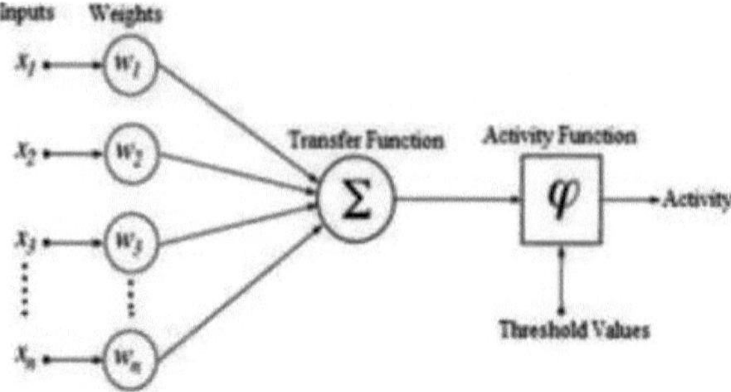

Figura 2. Uma célula básica de rede neural artificial

Os dados do ambiente externo são ligados ao neurónio através dos pesos e estes pesos determinam o efeito da respectiva entrada. A função total calcula a entrada líquida, a entrada líquida é o resultado da multiplicação das entradas e dos pesos associados a essas entradas. Os lados de média e baixa tensão são protegidos por para-raios separados. Os ramais de transformador do tipo direto são construídos até 300 KVA de potência, e em potências superiores são construídos postos de transformação do tipo pavilhão ou do tipo torre. Para este tipo de ramais de transformadores, existe um quadro de baixa tensão junto ao local onde foram instalados. Os separadores de fusíveis são utilizados como dispositivo de disparo e proteção de alta tensão. O dispositivo de disparo de alta tensão é ligado ao para-raios e ao poste do transformador, desde que os pontos de tensão nua estejam dentro da altura especificada nos regulamentos. Os ramais de transformadores de tipo torre são instalados em edifícios fechados, em forma de torre. A energia é retirada da linha aérea com buchas e, após passar pelo disjuntor e fusível, chega ao transformador. Os para-raios são ligados à terra sob o isolador do portão de entrada no exterior da torre.

Os pesos da rede neural artificial renovada durante este estudo. Os pesos tentam ser alcançados através da renovação de cada ciclo. A medida de alcance ou aproximação do objetivo é também um valor externo. Se os pares entrada-saída da rede neuronal artificial tiverem atingido o objetivo, os valores dos pesos são armazenados. Geralmente, 80% das amostras na mão são dadas à rede e a rede é treinada. Depois, são dados os restantes vinte por cento e o comportamento da rede é testado. A aprendizagem é conseguida através da observação das respostas das entradas [13]. Os seguintes passos são seguidos em todos os algoritmos de aprendizagem. Primeiro, a entrada é propagada na direção para a frente e depois para trás. Finalmente, os pesos e o equilíbrio são actualizados [14].

4. O CONTROLO MELHORADO DE CENTROS DE TRANSFORMAÇÃO UTILIZANDO ANN

Os componentes eléctricos da subestação são: enrolamento de baixa tensão, enrolamento de alta tensão, núcleo magnético, entrada de baixa tensão, entrada de alta tensão, comutadores de derivação, relé buchhozz, seccionadores, disjuntores, elementos de proteção, fusíveis, para-raios, condutor de proteção, ligação à terra, relés de proteção, instrumentos de medição, transformadores de medição, quadros de distribuição e cabos. Os componentes mecânicos são caldeira ondulada, caldeira a óleo, núcleo, componentes do núcleo, travessas, isoladores, barramento de baixa tensão, barramento de alta tensão, peças de cilindro, conectores, montagem de barramento, entradas de ligação à terra.

As causas das falhas eléctricas nas subestações são as sobretensões estáticas, as sobretensões transitórias e as flutuações de tensão, relâmpagos, descargas atmosféricas, efeitos de sobrecarga e aquecimento, e alterações na frequência do sistema [15, 16]. As causas de falha mecânica são choques, abanões, esmagamentos, flexões, rupturas, erros de ligação dos circuitos, trabalho incorreto dos relés, coordenação incorrecta dos relés, corpos estranhos, oscilações e vibrações [17, 18]. Causas de falha ambiental na subestação: chuva, nevoeiro, tempestade, neve, gelo, condições climáticas, terramotos, humidade, temperatura, poeira, óleo, gases de escape, tais como poluição e factores químicos. As negatividades das condições ambientais na subestação danificam os materiais dieléctricos, isoladores, sistema de arrefecimento e componentes mecânicos [19-21]. O sistema de controlo melhorado de Centros de Transformação utilizando Redes Neuronais Artificiais é apresentado na Figura 3.

A interface informática melhorada do sistema de controlo do transformador utilizando RNA é apresentada na Figura 4. No ambiente de laboratório, com base nas medições de corrente e tensão trifásicas, os valores limites de sobrecorrente e tensão foram comparados com os valores de corrente medidos. Como resultado, se os valores medidos forem maiores que o valor limite, a bobina do relé que energiza o disjuntor é energizada. Ocorreram falhas de sobrecorrente e tensão na rede. O microcontrolador lê em intervalos curtos. Quando a informação de falha é recebida de qualquer fase, o sinal de falha ou o comando de configuração do disjuntor veio através da rede local.

Assim, o disjuntor está instalado. O processo de leitura é novamente iniciado. A bobina do relé de disparo do disjuntor permanece energizada e o disjuntor é impedido de ser ativado até que seja recebido o comando de eliminação de falhas ou de instalação do disjuntor. O microcontrolador e o servidor do circuito comunicam entre si através do módulo GPRS. Os relés do microprocessador estão ligados à saída RS 232 do relé e todos os dados são recolhidos no mesmo ecrã com a interface do computador criada pelo equipamento do utilizador instalado no computador.

Nas unidades digitais de proteção e medição, são vistos todos os valores medidos pelos relés através de ligações de porta série. Os valores medidos de corrente e tensão da rede são enviados para o módulo GPRS através de comunicação serial e a informação de falha é enviada para o servidor que é o servidor via GPRS. Além disso, os valores medidos de corrente e tensão são comparados com o valor definido pelo microprocessador. Se a diferença for superior ao valor definido, o computador que é o servidor recebe a informação de avaria da mesma forma. Os valores de corrente e tensão medidos são monitorizados. Se ocorrer uma avaria, é indicado o tipo de avaria. Os cortadores podem ser intervencionados e abertos em qualquer altura.

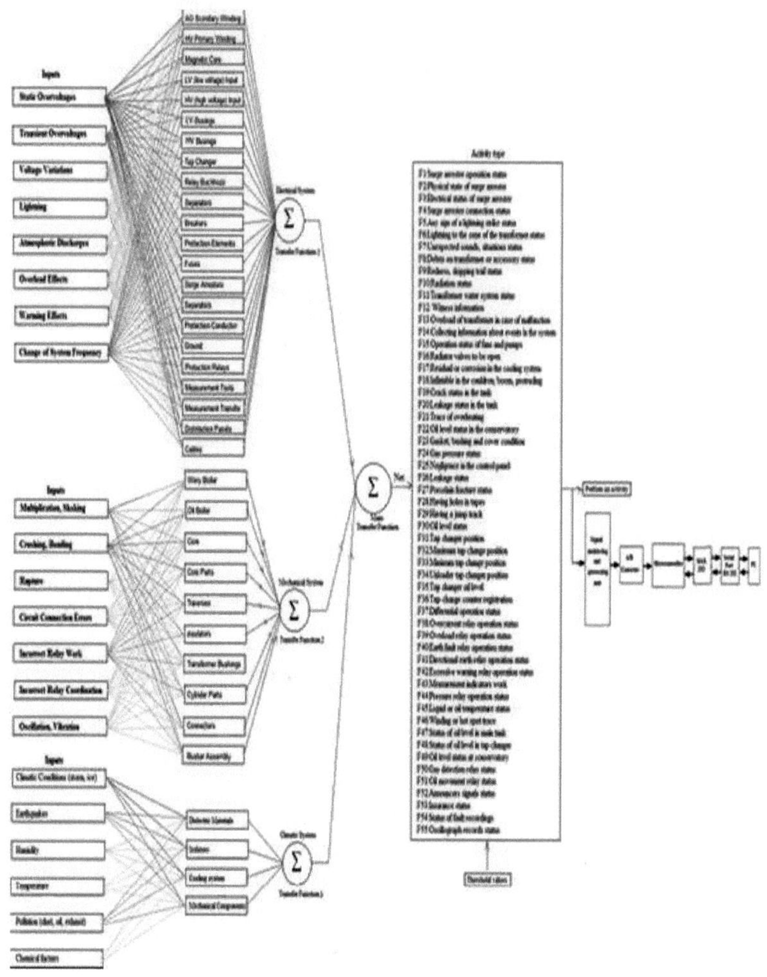

Figura 3. O sistema de controlo melhorado de Centros de Transformação utilizando Neuronais Artificiais
Redes

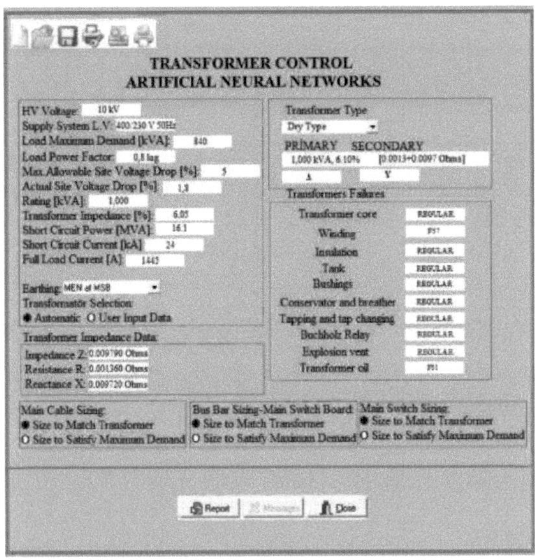

Figura 4. A interface informática melhorada do sistema de controlo do transformador utilizando a tecnologia Artificial
Redes Neuronais

Os disjuntores são activados através da correção do defeito. Os resultados obtidos em transformadores de diferentes potências com potência secundária de 400 kV com o controlo desenvolvido de Centros de Transformação utilizando RNA são apresentados na Tabela 1.

Tabela 1. Os resultados obtidos com transformadores de diferentes potências com potência secundária de
400 kV

Potência do transformador (MVA)	Corrente de carga total (Amperes)	Corrente de defeito (kA)	Corrente máx. Corrente (kA)
500	715.06	3.16	6.89
250	350.48	6.59	13.94

Os resultados obtidos em transformadores de diferentes potências com potência secundária de 220 kV com o controlo desenvolvido de Centros de Transformação utilizando RNA são apresentados na Tabela 2.

Tabela 2. Resultados obtidos com transformadores de diferentes potências com potência secundária de 220 kV

Potência do transformador (MVA)	Corrente de carga total (Amperes)	Corrente de defeito (kA)	Corrente máx. Corrente (kA)
250	645.23	5.93	13.94
100	258.79	2.34	4.86

Os resultados obtidos em transformadores de diferentes potências com potência secundária de 110 kV com o controlo desenvolvido de Centros de Transformação utilizando RNA são apresentados na Tabela 3.

Tabela 3. Resultados obtidos com transformadores de diferentes potências com potência secundária de 110 kV

Transformador Potência (MVA)	Corrente de carga total (Amperes)	Corrente de defeito (kA)	Corrente máx. Corrente (kA)
100	218.61	4.67	9.92
50	257.38	2.17	4.92

Os erros percentuais de deteção de falhas no sistema são apresentados na Figura 5. Verifica-se que o erro nos dados obtidos com o sistema desenvolvido se situa entre ±1% e ±5%.

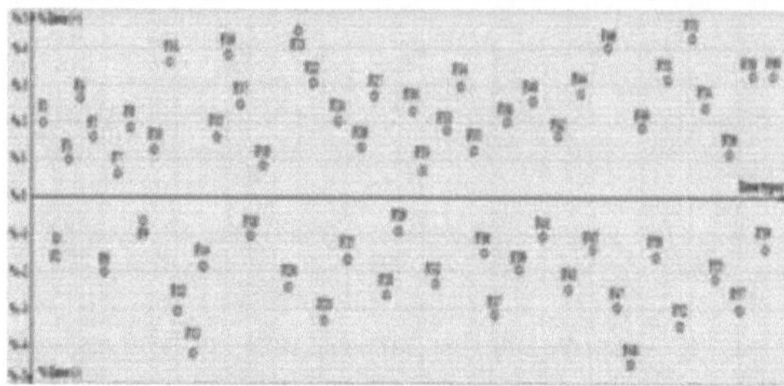

Figura 5. Erros percentuais de deteção de falhas no sistema.

5. CONCLUSÕES

As subestações são utilizadas para transmitir energia eléctrica às províncias, distritos, cidades e pequenas povoações a partir das quais a eletricidade é produzida. Neste estudo, foram introduzidas novas abordagens através da utilização de redes neuronais artificiais. Através do sistema melhorado formado com base em redes neurais artificiais, tornou-se possível monitorizar e controlar unidades digitais de proteção e medição utilizadas em subestações e redes de distribuição de eletricidade a partir de uma rede local remota.

Com base nas medições de corrente e tensão trifásicas efectuadas em laboratório, os valores limite de sobrecorrente e tensão foram comparados com os valores de corrente medidos. Nas unidades digitais de proteção e medida, foram vistos todos os valores medidos pelos relés com o programa de interface criado no computador com ligações à porta série.

Nas células modulares com proteção digital e células de medição, tornou-se possível monitorizar os valores de medição actualizados, a média da corrente trifásica, as correntes de cada fase, a potência real, o fator de potência, o estado dos disjuntores, as leituras de valores instantâneos e o registo de valores anteriores utilizando a ligação à rede local.

Nestes casos, os relés de proteção actuam, desactivando o equipamento defeituoso [6, 7]. Estas interrupções indesejadas na instalação eléctrica vão afetar a fábrica e os consumidores relacionados com a mesma. Por isso, a automação das instalações eléctricas é muito importante. Na automação de sistemas de energia eléctrica, garante-se a deteção de um erro através da monitorização contínua do sistema e da abertura dos disjuntores.

Com o aumento do consumo e da procura de energia, o número de transformadores está a aumentar rapidamente e, paralelamente, o problema do negócio está a crescer. Para este efeito, as instituições de transmissão de energia entraram numa busca de controlo central das subestações. Neste estudo, o controlo dos centros de transformação foi efectuado com redes neuronais artificiais.

REFERÊNCIAS

1. Aaron, W. C., (1988), "Premium Service- an Answer to Power Quality", Southeastern Electric Exchange Annu. Conf., Bal Harbour, FL.

2. Acha, E. J., Arrillaga, Medina, A. ve Semlyen, A., (1989), "General Frame of Reference for Analysis of Harmonic Distortion in Systems with Multiple Transformer Nonlinearities", Proc. IEE, vol. 136, pt. C, no. 5, 271-278.

3. Acha, E., Semlyen, A., ve Rajakovic, N., (1990), " A Harmonic Domain Computational Package for Nolinear Problems and Its Application to Electric Arcs", IEEE Trans., PD-5,(3),1390-1397.

4. Addly, A., Girgis ve Bryan D. Guy, (1988), " A Computer Based Data Acquisition System for Teaching Transients and Switching Phenomena and Performing Research on Digital Protection ", IEEE Transactions on Power Systems, Vol. 3, No. 3, 1361-1368.

5. Adly, Girgis, A., Makram, E.B. ve Balwin, T.L., (1989), "Computer Based Harmonic Generator Facilities to Study Harmonic-related Problems", IEEE Transactions on Power Systems, PWRS Vol. 3, No. 1,301309.

6. Adly, A. Girgis ve Daniel, T. L. Hwang, (1984), "Optimal Estimation of Voltage Phasors and Frequency Deciation using Linear and Non-Linear Kalman filtering: Theory and Limitation", IEEE Transsactions on Power Apparatus and Systems, Vol. PAS-103, No. 10, 2943-2951.

7. Adly A. Girgis, T. L., Baldwin, Makram, E. B. ve Hoke, S. Fortson, (1989), " Testing the Performance of Three-Phase Induction Watt-Hour Meters in the Presence of Harmonic Distortion", 1989 Rural Elecktric Power Conference.

8. Adly, A., (1990), "Evaluation of Temperature Rise of Distribution Transformers in the Presence of Harmonics and Distortion", Electric Power Research Vol 20, No.1, 15-22

9. Alexandrow, N., (1987), "Amorphous Alloys for Distribution Transformers: Design Considerations and Economic Impact", IEEE Transactions on Power Deliveiy Vol. PWRD-2, No. 2, 420-424,

10. Allan G., (1991), "Electrical Transients in Power Systems", John Wiley & Sons Inc., York. Nova Iorque.

11. Alan, J., (1991), "Harmonic Load Losses in HVDC Converter Transformers", IEEE Transactions On Power Delivery, Vol:6, No:1, 153-157.

12. Alexander E., (1992), "The Effect of Nonsinusoidal Excitation on Eddy Current Losses in saturated Iran", IEEE Transactions On Power Delivery, Vol:3, No:2, April 1988 (662-671).

13. Aly, A. Mahmoud, (1984), " Power System Harmonics-An Assessment, " IEEE Tutorial Course on Power System Harmonics", 1-8.

14. Anderson, P.M., ve Fouad, A.A., (1997), "Power System Control and Stability", Iowa State University Press, Ames, Iowa, EUA).

15. Anderson, O., (1997), "Large Transformers for Power Electronic Loads", IEEE transactions on power delivery, vol 12, no.4, 1532-1537

16. Arkadan, A.A., (1992), "Finite Element Modelling of a Transformer Feeding a Rectifier Load: the Coupled Power Electronics and Nonlinear Magnetic Field Problem", IEEE Transactions on Magnetics, Vol. 27, No. 6, 5217-5219.

17. Arkadan, A.A., (1992) "Three-Dimensional Noninear Finite Element Modelling of a Voltage Source Excited Transformer Feeding a Rectifier Load", IEEE Transactions on Magnetics, Vol. 28, No. 5, 2265 - 2267.

18. Arrillage, J., Bradley, D.A. ve Bodger P.S., (1985), "Power System Harmonics", John Wiley and Sons Inc.

19. Arsenau, R., (1995), -" A Survey of North American Electric Utility Concerns Regarding Nonsinusoidal Waveforms ", IEEE Transactions on Power Delivery, Vol. 11, No. 1,73-78.

20. Arsenau, R., (1996), " Practical Definitions for Powers in Systems with Nonsinusoidal Waveforms and Unbalanced Loads: A Discussion ", IEEE Transactions on Power Delivery, Vol. 11, No. 1,79-101.

21. Arsenau, R., (1997), "Application of IEEE Standart 519-1992 Harmonic Limits for Revenue Billing Meters", IEEE Transactions on Povver Delivery, Vol. 12, No. 1, 346-353.

22. Arturi, C. M., (1991), " Transient Simulation and Analysis of a Three-Phase Five-Limb Step-up Transformer Following an out-of phase Synchronization", IEEE Trans. on PWRD. Vol. 6, No. 1, 196203.

23. Aquilino, J.M., (1983), " Report of Transformer Reliability Survey-Industrial Plants and Commercial Buildings ", IEEE Transactions on Industry Applications, Vol IA-19 No:5, 858-866

24. Astengo, G., Rossi, C. ve Sciutto, G. Single, (1989), "Phase 25 kV Electrification on Sardinia Railway :Some Particular Problems Related to an Electrified Railway Located in an Island", IEE Conference Publucation No. 312, International Conference on Main Line Railway Elektrification, 178-181.

25. ATP Rule Book, (1987), Leuven EMTP Center (LEC), Secção XIX-g, Revisão

26. Badawy, E. H. ve Youssef, R. D., (1983), " Representation of Transformer Saturation", Electric Power Systems Research, Vol. 6, No. 4, 301-304.

27. Baghzouz, Y., Gong, X.D., (1992), " Voltage-Dependent Model for Teaching Transformer Core

Nonlinearity ", IEEE Transactions on Power Systems, Vol. 8, No. 2, 746-752.
28. Bejot, J.P., (1992), " Transformer Behaviour in Disturbed Power Systems ", GEC Alstom Technical Review, No: 9, 3-10.
29. Barker, P.P, (1994), "Power Quality Monitoring of a Distribution System", Transactions on Power Delivery, Vol. 9, No. 2, 1136-1142.
30. Blackburn, J. L., (1987), "Protective Relaying Princnles and Applications", Marcel Dekker Inc., Nova Iorque, EUA. New York, U.S.A.
31. Bickford, J. P. ve eaton, A. G., (1986), " Transient Overvoltages on Power Systems", IEE Proc. Vol. 133, Pt. C, No. 4, 201-225.
32. Bishop, M.T., (1991), PC-Controlled Hand-Held Meter Measures Power System.
33. Bonner, A., (1996), "Modeling and Simulation of the Propagation of Harmonics in Electric Power Networks", IEEE, transactions on power delivery, Vol:11, No:1, 466-474.
34. Bishop, M.T., (1991), " PC-Controlled Hand-Held Meter Measures Power System Harmonics ", IEEE Computer Aplications in Power, 17-21.
35. Bishop, M.T., Gilker, C., (1992), " Portable Harmonics Meter Evaluates Transformer Heating", IEEE Computer Applications in Power, 41-44.
36. Bishop, M.T., Baranowski, J.F., Heath, D., Benna, S.J., (1996), " Evaluating Harmonic-Induced Transformer Heating ", IEEE Transactions on Povver Delivery, Vol. 11, No. l, 305-310.
37. Bonner, A., (1996), " Modelling and Simulation of the Propagation of Harmonics in Electric Power Networks ", Parte I: Concepts, Models, and Simulation Techniques, IEEE Transactions on Power Delivery, Vol. 11, No. l, 452-465, Parte II: Sample Systems and Examples, IEEE Transactions on Power Delivery, Vol. 11, No. l, 465-474.
38. Brandwajn, V., Dommel, H.W. ve Dommel, I.I., (1982), "Matrix Representation of Three Phase n- Winding Transformers for Steady-state and Transient Studies", IEEE Trans. on Power A Syst., bol. PAS- 101, 1369-1378.
39. Bronislaw Tomczuk, "Analysis of 3-D Magnetic Fields in High Leakage Reactance Transformers" IEEE Transactions On Magnetics, Vol:30, No:5, setembro de 1994, (2734,2738).
40. Bronzeado, H. S., (1993), "Transformer Intraction Caused by Inrush Current", Dissertação de Mestrado, Universidade de Aberdeen (Escócia).
41. Bronzeado, H. S. ve Acamini, R., (1994), " Sympathetic Interaction Between Power Transformers", Pro. Of 29th Universities Power Engineering Conference - UPEC, Vol. 1 236-239, University College Galway, Irlanda.
42. Basak ,A. ve Qader ,A.A.A., (1983), "Fundameltal and Harmonic Flux Behaviour in a 100kVA Núcleo de Transformador de Distribuição", IEEE Trans. On Mag, Vol.Mag-19, No.5,2100-2102.
43. Burke, J. J. ve Feltes, J. W., (1991), 'Railroad Elektrification on Utility Systems', EPRT Report EL-3001.
44. Coleção C57, (1991), Distribution Power and Regulating Transformers, IEEE Press.
45. Cameron, M.M., (1993), " Trends in Power Fator Corretion with Harmonic Filtering", IEEE Transactions on Industry Applications, Vol. 29, No. 17 60-65.
46. Projeto da Associação Eléctrica Canadiana, (1993), RP-070-D-165, "Power Line Carrier on Distribution Systems", Investigação da Ontario Hydro.
47. Chai, S., (1996), "Polyphase Transformer Arrangements with Reduced kVA Capacities for Harmonic Current Reduction in Rectifier- Type Utility Interface", IEEE Transactions on power electronics, vol 11, no.5, 680-690
48. Chen, B.K., (1996),." A Three-Phase Models of Special Connected Transformers", IEEE Transactions on Power Delivery, Vol. 11, No. 1, 323-331
49. Chen, X., (1996),." A Three-Phase Multi-Legged Transformer Model in ATP Using the Diretly-Formed Inverse Inductance Matrix ", IEEE Transactions on Power Delivery, Vol. 11, No. 2, 1554-1562.
50. Chua, L.O., Stromsmoe, K.A, (1970), " Lumped-Circuit Models for Nonlinear Inductors Exhibiting Hysteresis Loops ", IEEE Transactions on Circuit Theory, Vol.CT-17, No. 4, 564-574.
51. Carpinelli, G., (1996), "Probabilistic Evaluation of the Aconomical Damage due to Harmonic Losses in Industrial Energy System", IEEE Transactions on power delivery, vol 11, no.2, 1021-1031
52. Chin, E., (1989), "A New Model for Transformer Saturation Charateristics by Including Hysteresis Loops", IEEE Transactions on magnetics, vol 25, no.3, 2706-2712
53. Choi, Sewan, (1996), "Polyphase Transformer Arrangements with Reduced kVA Capasities for Harmonic Current Reduction in Rectifier-Type Utility interface", IEEE Transactions On Power Delivery, Vol:11, No:5, 680-690.
54. Chua, L. O. ve Stromsmoe, K. A., (1970), Lumped Circuit Models for Nonlinear Inductors Exhibiting Hysteresis Loops", IEEE Trams, on Circuit Theory, bol. CT-17, No. 4, 234-240
55. Grupo de Trabalho 02 do Comité de Estudo do Cigre (1993), "Interruption of Small Inductive Currents": Capítulo 5 - Parte I, Electra n.º 133, 79-96.

56. Cigre, W. G., (1993), " Capítulo 5: Comutação de Transformadores sem Carga; Parte 1: Teoria Básica e Interrupção de Transformadores Monofásicos sem Reignições". Electra n.º 133, 78-97.
57. Cigre, W. G., (1993)," Chapter 5: Switching of Unloaded Transformers; Part 2: Three phase Transformer Interruption Reignition Phenomena, Test Result and Conclusions". Electra No 134, 23-134.
58. Cigre, W. G., (1993), "Harmónicas, Parâmetros Caraterísticos, Métodos de Estudo, Estimativas dos Valores Existentes na Rede", Elecktra No.77, 35-54.
59. Czarnecki, L.S., (1993), " Physical Reasons of Currents RMS Value Increase in Power Systems with Nonsinusoidal Voltage ",IEEE Transactions on Power Delivery,Vol. 11,No. 2, 437-447
60. Czarnecki, L.S., (1996), " Comments on Active Power Flow and Energy Accounts in
61. Electrical Systems with Nonsinusoidal Waveforms and Asymmetry ", IEEE Transactions on Power Delivery, Vol. 11, No. 3, 1244-1250.
62. Qetin, I., (1987), " Transformator, Qozumlu Problemlerle 1. Kisim ", I.T.U. Matbaasi.
63. Dash, P.K., D.P.Swain, A.C.Liew, Saifur Rahman, (1996), "An Adaptive Linear Combiner for On-Line Trackings on Power Systems Harmonics", IEEE Transactions On Power Systems, Vol:11, No:4, 17301735.
64. David Greene, J. ve Charles A., Gross, (1988), "Nonlinear Modelling of Transformers", IEEE Trans. on Industry Appilications, Vol. 24, No. 3, 434-438.
65. Davis, M., (1988), "Calculation of Winding Temperatures in Distribution Transformers Subjected to Harmonic Currents", IEEE Transactions on Power Delivery Vol. 3, No. 3, 1074-1079
66. De Mello, F.P., ve Hannett, L.N., (1986), " Representation of Saturation in Synchronous Machines", IEEE Trans., PWRS-1, (4), 8-18.
67. Del Vecchio, R. M ,(1982), "The Inclusion of Hysteresis Processes in a Special Class of Electromagnetic finite element calculations", IEEE Trans. Mag-18 275-284.
68. Demerdash, N.A., Nehl, T.W., Mohammed, O.A., (1982), "Solution of Eddy-Current Problems", IEEE Transactions on Magnetics, Vol. Mag-18, No. 6, 1710-1712.
69. Denley, M.R., Gregor, A. W. ve Johnston,W. B., (1987), "The Electrification of New Zealand Railways North Island Main Trunk Route", IEE Conference Publication No 279 International Conference on Elecktric Railway Systems for a new Century, 189-193.
70. Dijk, H. E.,(1986), "Voltage Jump at Transformer Terminals Due to Non-Simultaneous Switching", IEEE Trans. PWRD-1, No. 3, 147-155.
71. Diseko, N.L., Bickford, J.P., (1980), " A Method of Simulating Linear and Nonlinear Resonant Phenomena Associated with Transformer Feeders ", IEE Proc.,Vol. 127, Pt. C. No:3, 169-177
72. Domijan, A., (1993), "Diretions of Research on Electric Power Quality Transactions on Power Delivery", Vol. 8, No. l, 429-436.
73. Dommel, H.W., Yan, A., ve Wei, S., (1986), "Harmonics from Transformer Saturation", IEEE Trans on Power Systems, vol. PWRD-1, 209-214.
74. Dommel, H. W., (1986), "Electromagnetic Transients Program Reference Manual", Section 6, Department of Electrical Engineering-The university of British Columbia, Vancouver.
75. Dommel, H.W. A., Yan ve Shi Wei, (1986), "Harmonics from Transformer Saturation" IEEE Trans on Power Systems, Vol. PWRD-1, No. 2, 209-215
76. Dsp-16,(1988), Real-Time Data Acquisition Processor, Ariel Corporation, New York, NY, USA.
77. Dugan, R.C., Mc Granaghan, M.F., Beaty, H.W., (1996), "Electrical Power system Quality", McGraw- Hill Company.
78. Eggleston, J.F., Amllaga, J. ve Semlyen, A, (1987), " Harmonic Norton Equivalent of the Synchronous Generator', J. Electr, Electron. Eng., 7, (1), 13-21.
79. Eggleston, J. F., Arrillaga, J. ve Semlyen, A.,(1988), "Analysis of Harmonic Distortion Resulting from the Interaction Between Synchrous Machines and HVDC Convertors", IEEE Trans. on Power Delivery, vol., 3 no. 1,325-332.
80. Transmissão e Distribuição Eléctrica, (1986), Westinghouse, 116-120
81. Ell, L.K., Councill, M.E., (1989), "Distribution Transformer Excitation Harmonics"
82. Investigação em Sistemas de Energia Eléctrica, Vol. 17, 13-19
83. Elleuch, M., (1996), "A Contribution to the Modelling of There Phase Transformers Using Reluctances", IEEE transactions on magnetics, vol32, no.2, 335-343
84. Ell, L. K., (1986), "Distribution Transformer Oversaturation: A Problem in Harmonics", IEEE Conf. Região 5, Lafayette, LA.
85. Elham B., Makram, Rebekah L., Thompson ve Adly A. Girgis, (1988), " A New Laboratuary Modelling in the Prensence of Harmonic Generator", IEEE-Transsactions on Power Systems, Vol. 3, No. 4, 18571863.
86. Emanuel, A.E. ve Szabados, B., (1984), "Effect of Voltage and Current Distortion on Iron and Copper Losses in Power System Harmonics", IEEE Tutorial Course, Course Text 84 EH0221-2-PWR. 106-112

87. Emanuel, AE., Wang, X., (1985) "Estimation of Loss Life of Power Transformers Supplying Nonlinear Loads" , IEEE Transactions on Power Apparatus and Systems, Vol. PAS-104, No. 3, 628-635.
88. Emanuel, A. E., (1988), "The Effect of Nonsinusoidal Excitation on Eddy Current Losses in Saturated Iron", IEEE Trans. Power Delivery, 3, 662-671.
89. Enright, W., J.Arrillaga, A.R. Wood, F.Perez Hidalgo, (1996), "The Smoothing Transformer, A New Concept Indeside Harmonic Reduction of HVdc schemes", IEEE Transactions On Power Delivery, Vol:11, No:4, 1941-1947.
90. Ewart, D. N., (1986), "Digital Computer Simulation Model of a Steel-Core Transformer", IEEE Transactions on Power Delivery Vol. PWRD-1 No. 3 174-181.
91. Ewart, D. N., (1988), "Digital Computer Simulation Model of a Steel-Core Transformer", IEEE Trans. on Power Delivery, Vol. PWRD-1, No.3, 174-183.
92. Fardoun,A.A., (1994), "Experimental Analysis of a DC Bucking Motor Blocking Geomagnetically Induced Currents", IEEE Transactions On Power Delivery, Vol:9, No:1, Tanvary (88-89).
93. Fish, G. E., (1990), "Soft magnetic Materials, Proceedings of the IEEE, Vol. 78, No.6, 947-972.
94. Frank, J.M., (1997),. "Origin, Development, and Design of K-Fator Transformers", IEEE 5 Industry Applications Magazine, 67-69.
95. Gavrilovic, G. M. M. ve Belanger, J., (1985), "Transformer Saturation Effect on EHV System " Overvoltage", IEEE Trans. PAS-104, No. 3, 671-680.
96. Grady, W. M., (1984), "Sources of Undesirable Harmonics on Distribution Systems, Proc. Conf. Para Engenheiros de Relés de Proteção, Texas A & M Univ.
97. Greene, J. F., (1986), "Nonsinusoidal Excitation of Transformers: Analysis and Response". Tese de Mestrado, Universidade de Auburn, Auburn, AL.
98. Greene, J., (1988), "Nonlinear Modelling of Transformers", IEEE transactions on industry applications, vol 24, no.3, 434-438
99. Grover Brown, R., (1983), "Introduction to Random Signal Analysis and Kalman Filtering, John Wiley and Son, Inc.".
100. Hattiziantoniu, G., Galanos, G.D. ve Milias-Argitis, J., (1988), "An Incremental Transformer Model for The Study of Harmonic Over-Voltages in Weak AC/DC Systems", IEEE Trans. on Power Delivery, vol .3, No. 3,July 1988, 1111-1121.
101. Heydt, G.T., Grady, W.M., Xia, D., (1983), "Harmonic Power Flow Studies", Volumes 1 e 2, RP1764-Relatório Final, EL-3300, Electric Power Research Institute, Palo Alto, Califórnia.
102. Henderson R.D., ve Rose, P.J., (1994), "Harmónicas: The Effect on Power and Transformers", IEEE Trans. on Industry Application, vol .30, No. 3, May 1994, 528-532.
103. Herzer, G. ve Hilzinger, H., (1988), "Recent Developments in Soft Magnetic Materials", Physica Scripta, Vol. T24, 22-28.
104. Hwang, M.S., Grady, W. M. ve Sanders, Jr., (1984), "Assessment of The Winding Losses in Transformers Due to Harmonic Currents", International Conference on Harmonics in Power Systems, Worcester Polytechnic Instutite, Worcester, Massachusetts.
105. Hwang, M.S., Grady, W. M. ve Sanders, H.W., (1988), " Calculation of Winding Temperatures in Distirbution Transformers Subjected to Harmonic Currents", IEEE Trans. Power Delivery, 1074-1079.
106. Howroyd, D. C. , (1984), "Discussion on Electrification of Twain Main Line Railway from Keelung to Kaohsiung", IEE Proceedings, vol. 131 Pt. B, no. 5, 226-230.
1. 7.IEEE Std.-519, (1992): "IEEE Recommended Practices and Requirements for Harmonic Control in Electric Power Systems" (projeto final).
108. IEEE Working Group, (1983), on Power System Harmonics, " Power System Harmonics: an Overview", IEEE Transactions on Power Apparatus and Systems, Vol. PAS-102, No. 8, 2455-2459.
109. IEE Working Group System, (1983) , "Harmonics, Power System Harmonics: an Overview", IEEE Trans., PAS-102, 2455-2460.
110. IEEE Recommended Practices for Power Systems Analysis, (1993),. Nova Iorque: IEEE, 1002.
111. IEEE PES Transformer Commitee, (1985), "Recommended Practice for Estabilishing Transformer Capability When Supplying Nonsinusioidal Load Currents", IEEE Publ. 116. C57. 110.
112. IEEE PES Working Group, (1983), " On Power System Harmonics, Power system harmonics: an overview", IEEE Trans., PAS-102,2455-2460.
113. IEEE PES Working Group, (1985), " On Power System Harmonics, The Effects of Power System Harmonics, on Power System Equipment and Loads", IEEE Trans. PAS-104, 2555-2563.
114. IEEE-PES Transformer Commities, (1983), " Recommended Practice for Estabilishing Transformer Capability When Suppyling Nonsinusoidal Load Currents". C57.110/D2.
115. Inagaki, K. (1987), "Digital Protection Method of Power Transformers Based on An Equipvalent Circuit

Composed Inverse Inductance", IEEE PES Summer Meeting, San Fransisco, Claifornia.
116. Inagaki, K. (1988), "Digital Protection Method of Power Transformers Based on An Equivalent Circuit Composed of Inverse Inductance", IEEE Transactions on Power Delivery, Vol.3, 1501-1510.
117. Ino, T., Mathuz, R. M., Iravani, M. R. e Sasaki, S., (1985), "Validation of Digital Simulation of DC Links-PartII", documento IEEE 85 WM 214-2, Encontro de inverno da PES, Nova Iorque.
118. Johnson, N. B. ve Girgis, A. A., (1987), "Measurement and Characterization of Atual Current and Voltage Harmonics and Distortation in Power Systems", Proceedings of the 19th SoutheasternSymposium on System Theory, SSST, 390-393.
119. Juan W. D., Gustavo V., Luis A. M., (1997), "A Series Active Power filter Based on a Sinusoidal Current-Controlled Voltage-Source Inverter", IEEE Transactions On Industrial Electronics, Vol:44, No:5, 612620
120. Kappenman, J. G., Albertson, V. D., (1990), "Bracing for the Geomagnetic Storms", IEEE Spectrum, 2733.
121. Kappenman, J. G. ,(1990), "Transformer Dc Excitation Field Test & Results", IEEE Special Panel Session Report, 1-5.
122. Katherine P., Thornton ve Makram, Elham, B., (1988), " Study of Power System Harmonics in an Unbalanced System Using the Three-Phase Bus Impendance Matrix", Proceedings of the Twentieth Southeastern on System Theorh Annual Conference, 30-34.
123. Kenneth Scot Smith ve Li Ran, (1996), "Input Current Harmonic Analiysis of Pseudo 12-Pulse 3-Phase to 6-Phase Cycloconverters", IEEE Transactions On Power Electronics, Vol:11, No:4, 629-640.
124. Kettleluborough, J., Ganthome, B., (1982), "Simulation of a Transformer/Rectifier Unit for Aircracft Power Supply Systems", IEE Proceedings, Vol. 129 parte B nº 6, 323-329.
125. Keyhani, A. ve Miri, S.M., (1988), "Nonlinear Modelling of Magnetic Saturation", Electr. Power Syst. Res.,15-24.
126. Kiffer, L. P., Dutil, A., Granger, M. ve Bui Van, Q., (1990), " Currents and Harmonics Generated in Power Transformers by DC Polarization", CEA Transactions on Engineering & Operation, Vol. 29, Part 1.
127. Konrad , A., Chari, M.V.K, Csendes, Z.J., (1982), "New Finite Element Techniques for Skin Effect Problems", IEEE Transactions on Magnetics, Vol. MAG-18, No.2, 450-455.
128. Li, Q. Z., Zhang, J. S. ve Qian, Q. Q., (1989), "Optimization Design on Series Tuning Filtering and Reactive Compensation Used in Traction System", IEE Conference on Main Line Railway Electrification, 222-226.
129. Lin, C. E., Cheng, J. B., Huang, C. L., (1982), "Hysteresis Characteristic Analysis of Transformers Under Non-Sinusoidal Excitations Using Real Time Measurement", IEEE T C. Wm. T. McLyman, Magnetic Core Selection for Transformers and Inductors. Nova Iorque: Marcel Dekker.
130. Lin , C. E., Wei, J. B., . Huang, C. L ve Huang, C. J., (1989), " A New Model for Transformer Saturation Charecteristics by Including Hysteresis Loop", IEEE Trans. on Magnetics, Vol. 25, No. 3, 2706-2712.
131. Lin, C. E., Cheng, C. L., Huang, C. L. ve Yeh, J. C., (1992), " A Simple Model for Transformer Inrush Electric Calculation and Harmonic Analysis", Electric Power System Research, Vol. 24, No. 2, 153-163.
132. Lin, C. E., Wei, J. B., Huang, C. L. Ve Huang, C. J., (1993), " A New Model for Representation of Hysteresis Loops", IEEE Trans. on PWRD. Vol. 4, No. 1, 413-420.
133. Lin, C. E., Wei, J. B., Huang, C. L. e Yeh, J. C., (1993), "Investigation of Magnetizing Inrush Current in Transformer Part I-Numerical Simulation", IEEE Trans. on PWRD. Vol. 8, No. 1, 246-254
134. Lin, C. E., (1993). "Investigação da Corrente de Inrush de Magnetização em Transformadores. Part II - Harmonic Analysis", IEEE Ttransaction on Power Delivery, Vol:8, No:1, 255-263
135. Lin, C. E., Cheng, C. L., Huang, C. L. Ve Yeh, J. C. (1993), "Invesgation of Magnetizing Inrush Current in Transformers, Part II. Análise harmónica", IEEE Trans. Power Delivery, 255-263.
136. Linders, J. R., (1979), "Electric Wave Distortions: Their Hidden Costs and Containment", IEEE Trans., IA-15 458-471.
137. Liu, P., Malik, O:P:, Chen, D. e Hope, G.S., (1989), "Study of Non-Operation for Internal Faults of Second-Harmonic Restraint Differential Protection of Power Transformers", Transactions of the Engineering and Operating Division of the Canadian Electrical Association, Vol .28, Part 3, 1-23.
138. Ludeman, L.C., (1986), 'Fundemental of Digital Signal-Processing", Harper and Row, Nova Iorque.
139. Mahmoud, A., (1984), "Power System Harmonics: An Assessment", em Power System Harmonics, IEEE tutorial Course Text 84 Eh0221-2PWR, 1094, 1-8.
140. Mahmoud, A., Shultz R. D., (1982), "A method for Analyzing Harmonics Distirbution in A.C. Power Systems", IEEE Transactions on Power Systems, Vol. PAS-101, No. 6, 1815-1824.
141. Mancini, R., (1996), "An Area Substation Load Model in the Prensence of Harmonics", IEEE Transactions On Power Delivery, Vol:11, No:4, 2013-2019.
142. Medina, A., Arrillaga, J. ve Acha, E., (1990), "Sparsity-Oriented Hybrid Formulation of Linear Multiports and its Application to Harmonic Analysis", IEEE Trans. on Power Delivery, vol. 5, no. 3, 1453-1458..
143. Medina, A., (1992), "Generalised Modelling of Power Transformers in the Harmonic Domain", IEEE

transactions on power delivery, vol 7, no.3, 1458-1465
144. Medina, A. ve Arnllaga, J., (1992), " Simulation of Multilimb Power Transformers in the Harmonic Domain', IEE Proc. C., 139,269-276.
145. Medina, A,(1994), " Analysis of Transformer-Genarator Interaction in the Harmonic Domain",IEE PROC-Gener transm .Distrib .,Vol.141.No.1,38-46
146. Membro, Chi-Jui Wu, (1997), "Developing a Harmonics Education Facility in a Power system Simulator for Power Engineering Education", IEEE Transactions On Power Systems, Vol:12, No:1, 22-29.
147. McLyman, C. Wm. T., (1982), "Magnetic Core Selection for Transformers and Inductors", Nova Iorque, Marcel Dekker.
148. Mielczarski, Wladyslaw, (1997), "Harmonic Current Reduction in Three-Phase Bridge-Rectifier Circuits Using Controlled Current Injection", IEEE Transactions on Industrial electronics, Vol:44, No:5, 604-611.
149. Mochigana, Y., Koyama, Y. Ve Takeuchi, T.(1990), "Insulation Level Reduction of Shinkkansen at Feeder Circuit", T.IEE Japan, vol. 110-d, no 5, 570-579.
150. Mochinaga, Y., Akasuka, Y., Arai, K. ve Ono, M., (1991), "Development of Three-Winding Transformer for Shinkansen Auto-Transformer Feeding System Receiving Extra-High Voltage", T. IEE Japan, Vol.111-d, No.3, 237-244.
151. Nakata, T., (1984), "Numerical Analysis of Flux and Loss Distribution in Electrical Machineary", IEEE Trans. On Magnetics, Vol. Mag-20, No. 5.
152. Neves, W. L. A., Dommel, H. W., (1993), "On Modelling Iron Core Nonlinearities", IEEE Transactions on Power Systems, vol. PWRS-8,417-425.
153. Nims,LW., (1996), "Application of a Generic Algorithm to Power Transformer Design", Electric Machines and Power Systems, Taylor & Francis, 669-680.
154. Nonuo T., Tetsuo O., Fumihiko M., Samau S., (1994), " An Experimental Analysis of DC Excitation of Transformers by Geomagnetically Induced Currents", IEEE Transactions on Power Delivery Vol. 9, No. 2 , 1173-1179.
155. O'Dell, (1981), T. H. Ferromagnetodynamics, Capítulos 1 e 5, Mcmillan Press Ltd, Londres.
156. Oliver, G., (1993), " Novel Transformer Connection to Improve Current Sharing in High Current DC Rectifiers, " in IEEE IAS'93 Conf. Proc., 986-992.
157. Papadias, B. C., Hatziargyriou, N. D., Bakopoulos, J. A., Prousalidis, J. M., (1993), "Three-Phase Transformer Modelling for Fast Electromagnetic Transients", documento n.º 93 SM-PWRD apresentado na Reunião de verão de 1993 do IEEE PES em Vancouver (Canadá).
158. Pasco, W., Norton, E. T., Nilson, S. L., (1985), "High Voltage Diret Current Converter Transformer Magnetics", EPRI Report EL-4340, Research Project 1424-3.
159. Pierce, L.W., (1994), " Predicting Liquid Filled Transformer Loading Capability" , IEEE Transactions on Industry Applications, Vol. 30, No. l, 170-178.
160. Pierce, L W., (1994), "Thermal Considerations in Specifying Dry-Type Transformers", IEEE Transactions on Industry Applications, Vol. 30, No. 4, 1090-1098.
161. Pierce, L.W., (1996), "Transformer Design and Application Considerations for Nonsinusoidal Load Currents", IEEE Transactions on Industry Applications, Vol. 32, No. 3, 633-645.
162. Poloujadoff, M., Findlay, R.D., (1993), "A Procedure for Illustrating the Effect of Various of Parameters on Optimal Transformer Design", IEEE Transactions on Power Systems, Vol. PWRS-1, No.4, 202-205
163. Prusty, S., (1984), "A Novel Approach for Predetermination of Magnetization Characteristics of Transformers Including Hysteresis", IEEE Transactions on Magnetics, Vol. Mag-20, No:4, 607-612.
164. Prousalidis, J. M., Hatziargyrious, N. D., Papadias, B. C., (1993): " The Effect of Mutual Phase Coupling on Three-Phase Transformer Models", EPST '93, Lisboa (Portugal).
165. Prousalidis, J.M., B.C., (1996), " Representation of Hysteresis in Three-Phase Transformer Models for Electromagnetic Transient ", IEE Proc-Elect. Power Appl. Vol.
166. 143. No. 4, 331-338.
167. Puent, H.R., Burgers. M. L., L. Larsen. E. V. ve Elahi H., (1989), "Energization of Large Shunt Reactors Near Static Ven Compensators and HVDC Converters", IEEE Trans on Praver Delivery Vol. 4, No 2, 629-635.
168. Purkayastha, L, Sayoie P.J., (1994), " Effect of Harmonics on Power Measurement ", IEEE Transactions on Industry Applications, Vol. 26, No. 5, 944-946.
169. Rahman, M. A. ve Gangopadhyay, (1993), " A Digital Simulation of Magnetizing Inrush Currents in Three Phase Transformers, IEEE Trans. Power Delivery, PWRD-I (235-242).
170. Rajakovic, N. ve Semlyen, A., (1989), "Investigation of the Inrush Phenomenon. A Quasistationary Apprroach in the Harmonic Domain", IEEE Trans., PD-4, (4), 2114-2120.
171. Ray, R., (1988), " Digital Similation of B/H Excursions for Power System Studies", IEE Proceedings-C. Vol. 135, No.3, 229-235.

172. Reason, J. (1994), "Transformadores de potência: Performance Improves in Many Small Steps", Electrical World, 48-62.
173. Reeve, J., Chen, S. P., (1984), "Digital Simulation of Multiterminal HVDC Transmission System", IEEE paper 84 WM 199-6, PES Winter Meeting.
174. Reference Manual for Electromagnetic Transient Program (EMTP) desenvolvido pela Bonnevile Power Administration, Portlan, Oregon.
175. Reid, W.E., (1996), " Power Quality Issues-Standarts and Guidilines ", IEEE Transactions on Industry Applications, Vol. 32, No. 3, 625-632.
176. Roussel, H., (1989) "Power Suply for the Atlantic TGV High Speed Line", IEE Conference on Main Line Railway Electrification, 388-392.
177. Rubaai, A, (1994), "Computer-Aided-Instnaction of Power-Transformer Design in the Undergratuate Power Engineering Class", IEEE Transactions on Power Systems, Vol. 9, No. 3, 1174-1181.
178. Rusch, R.J., Good, M.L., (1993), "Wyes and Wye Nots of Three-Phase Distrubution Transformer Connections", IEEE Transactions on Industry Applications Vol. 26, No. 4, 683-688.
179. Sachdev M.S., (1989), "A Digital Relaying Algorithm For Detecting Transformer Winding Faults", IEEE Transactions on Power Delivery, vol 4, no.3, 1638-1648
180. Seguier, G.,(1986), 'Power Electronic Converters AC/DC Conversion', Nova Iorque, McGraw-Hill.
181. Semlyen, A., (1986), "Steady-State Analysis of Nonlinear Dynamic Systems with Periodic Excition Based on Linearization in Harmonic Space", Canadian Electrical Engineering Journal, Vol.11, No.3, 114117.
182. Semlyen , A., Acha, E. ve Arrillaga, J., (1987), "Newton-Type Algorithms for the Harmonic Phasor Analysis of Non-Linear Power Cicuits in Periodical Steady State with Special Reference to Magnetic Non-Linearities", IEEE Paper No. 87 Wm 170-4, apresentado no Encontro de inverno da Sociedade de Engenharia de Energia de 1987, Nova Orleães, Lousianna, EUA
183. Semlyen, A., Acha, E. ve Arrillaga, J., (1988), "Newton-Type Algorithms for the Harmonic Phasor Analysis of Non-Linear Power Circuits in Periodical Steady State with Speacial Reference to Magnetic Non-Linearities", IEEE Trans. on Power Delivery, Vol. 3. No. 3, 1090-1098.
184. Semlyen, A. ve Arrillaga, J., (1987), "Harmonic Norton Equivalent for the Magnetising Branch of a Transformer", IEE Proc. Vol. 134, Pt. C, No. 2, 162-169
185. Sidhu, T.S., (1992), "Design, Implementation and Testing of a Microprosessor-Based High-Speed Relay For Dedeting Transformer Winding Faults", Transactions On Power Delivery, Vol:7, No:1, 108-117.
186. Sidhu, T., (1992), "Model Representing the Nonlinear Behaviour of Three-Phase Transformers",archiv fur Electrotechnick,Vol.77,No1,143-150
187. Simpson, R.H., (1998), "Instrumentação, Técnicas de Medição, e Ferramentas Analíticas em Estudos de Qualidade de Energia", Distorção, IEEE Transactions on Industry Applications, Vol.-34, No. 3, 534-548
188. Smith, B., (1996), "A Newton Solution for the Harmonic Phasor Analysis of AC/DC Converters", IEEE transactions on power delivery, vol 11, no.2, 965-971
189. Shu, Lu., (1993), "Harmonics Generated from ADC Biased Transformer", IEEE Transactions on Power Delivery, vol 8, no.2, 725-731
190. Stensland, T., (1997), " Modeling of Magnetizing and Core-Loss Currents in Single Phase Transformers with Voltage Harmonics for use in Power Flow.", IEEE Transactions On Power Delivery, Vol:12, No:2, 768-774.
191. Stenzel, J., (1994) " Model Representing the Nonlinear Behavoar of Three-Phase Transformers", Archiv for Elektrotechnick, Vol.77, No.1, 143-150
192. Strembler, F. G., (1982), "Introduction to Communication Systems", Addison-Wesley, Reading, MA, 2nd edn., 43.
193. Sybille, G., Gavrilovic, M., Belanger, J., (1985), " Transformer Saturation Effects on EHV System Overvoltages", IEEE Transactions on Power Apparatus and Systems, Vol. PAS-104 No. 3, 671-680.
194. Takach, D. S. ve Boggavarappu R. L., (1985), "Distribution Transformer No Load Losses", IEEE Trans. Power A Syst., vol. 104. no .1, 181-193.
195. Tanneau, Gerard, (1996), "Surface Impedance for 3D Non-Linear Eddy Current Problems-Application to Loss Computation in Transformers", IEEE Transactions On magnetics, Vol:32, No:3, 808-811
196. Tay, H. C., Swift, G. S., (1985), "On the Problem of Transformer Overheating due to Geomagneticcally Incuded Currents", IEEE Trans., Vol. PAS-104, No. 1, 212-219.
197. Tiipana, E., (1989), "Supply of Electricity for Electrified Lines in Finland", IEE Conference on Main Line Railway Elecktrification, 174-177.
198. Tomczuk, Bronislaw, (1992), "Tree-Dimensional Leakage Reactance Calculation and Magnetic Field Analiysis for Unbounded Problems", IEEE Transactions On Magnetics, Vol:28, No:4, 1935-1940.
199. Thorp, J.S. ve Phadke, A.G., (1993), "A Microprocessor Based Three Phase Transformer Differential Relay", IEEE Trans. on Power Apparatus and Systems, Vol. PAS-102, no. 11,3624-3628

200. Thomas, M., (1991), "Uncertainties in Compliance with Harmonic Current Distortion Limits in Electric Power System", IEEE Transactions on Industry Applications, Vol. 27, No 4, 680-685
201. Compilador TMS320C25, (1989), Guia de Referência, Texas Instruments, Houston, Tx, EUA.
202. Vovos, N., Galanos, G., Giannakopoulos, G., (1983), "A Mathematical Model for Dynamic Simulation of HVDC Systems", IEEE Transactions on Power Apparatus and Systems, Vol. PAS-102 No. 6, 17551763,.
203. Westing House, (1986), Distribution Transformer Guide, Athens, GA.
204. Willing, R. A., Khan, A. H., (1991), "Characteristics of Transformer Exciting-Current During Geomagnetic Disturbances", IEEEE/PES, 91 WM 095-0 PWRD.
205. Williment, P. T., (1989), "East Coast Main Line Electrification 25 kV AC system design", IEE Conference Publication No. 312, International Conference on Main Line Railway Electrification, 306310.
206. Wilkins, F.J. ve Drake, A. E., (1965), "Measurement and Interpetation of Power Losses in Elecktrical Sheet Steell", Proc.IEE Vol. 112, No. 4, 771-785.
207. Wilson Xu, (1991), Manual de Referência do Programa de Fluxo de Carga Harmónico Multifásico (MHLF), Powertech, Labs, Inc.
208. Woodford, D. A., Gole, A. M., Menzies, R. W, (1983), "Digital Simulation of DC Links and AC Machines", IEEE Transactions on Power Apparatus and Systems, Vol. PAS-102, 1616-1623.
209. Woodford , D. A., (1985), " Validation of Digital Simulation of DC Link", IEEE paper 85 WM 213-4, PES Winter Meeting, Nova Iorque.
210. Wood, H.C., Sidhu, T.S, Sachev, M.S. ve Nagpal, M., (1989), "A General-Purpose Hardware for Microprocessor Based Relays", Proceedings of the International Conference on Power System Protection '89, Singapore, 13-14, 43-59.
211. Wu, C.J., Chang, W.N., (1997), "Developing a Harmonics Education Facility in a Power System Similator for Power Engineering Education", IEEE Transactions on Power Systems Vol. 12, No. l, 2229.
212. Xu, W ve Dommel, H W., (1993), " Computation of Steady State Harmonics of Static Var Compenstator.
213. Xu,W., Marti, J.R ve Dommel, H.W., (1991) " A Multiphase Harmonic Load Flow Solution Technique", IEEE Trans. on Power Systems, PS vol.6, 174-182.
214. Xu, W.W., Dommel, H.W., ve Marti, J.R., (1991), " A Synchronous Machine Model for Three-Phase Harmonic Analysis and EMTP initalization", IEEE Trans., PWRS-6,(4), 1530-1538.
215. Xu, W., (1994), "Harmonics from SVC Transformer Saturation with Diret Current Offset", IEEE Transactions on Power Delivery, vol 9, no.3, 1502-1509
216. Yacamini, R. ve Abu Nasser, A., (1986), "Transformer Inrush Current and Their Associated Overvoltages in HVDC Schemes", IEE Proc. Vol. 133, Pt. C, No. 6, 353-358.
217. Yacamini, R. ve Abu Nasser, A., (1986), "Numerical Calcution of Inrush Current in Single-Phase Transformers", IEE Proc. Vol. 133, Pt. B, No. 1, 31-40.
218. Yacamini, R. ve Abu Nasser,(1986), "The Calculation of Inrush Current in Three-phase Transformers", IEE Proc. B, Vol:133, 31-40.
219. Yousef-Zai, F.Q., (!996), "Solid-State on Load Transformer Top Changer", IEEE Proc-Electr. Power Appl., Vol.143, No.6, (481-491).

Printed by Books on Demand GmbH, Norderstedt / Germany